"COSMET" EXPLICA LA SEVA VIDA ALS NOIS I NOIES DE 8 A 14 ANYS 1

Em dic Cosmet. Permeteu-me que em presenti

Eduard Alabern Valentí

UNIVERSO de LETRAS

"COSMET" EXPLICA LA SEVA VIDA ALS NOIS I NOIES DE 8 A 14 ANYS 1
Em dic Cosmet. Permeteu-me que em presenti
Eduard Alabern Valentí

Disseny de la coberta: Equip de disseny de Universo de Letras

www.universodeletras.com

Primera edició: 2026

ISBN: 9791388008481
ISBN eBook: 9791388241741

Eduard Alabern Valentí

"COSMET" EXPLICA LA SEVA VIDA ALS NOIS I NOIES DE 8 A 14 ANYS (1)

EM DIC COSMET. PERMETEU-ME QUE EM PRESENTI

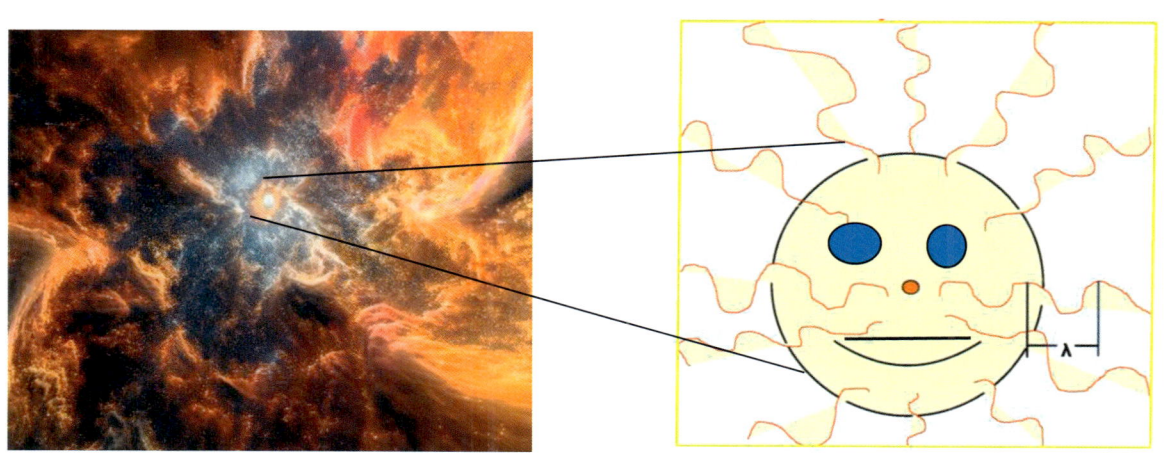

Soc molt vell, ja que vaig néixer ara ja fa molts milions d'anys, al mig del Big Bang, quan es va formar l'univers.

1. PERMETEU-ME QUE EM PRESENTI.

ELS MEUS VIATGES PER L'UNIVERS I LES MEVES VISITES ALS SAVIS

2. ELS MEUS TRES PRIMERS MINUTS DE VIDA I

TOT EL QUE VAIG ANAR VEIENT.

LES MEVES GRANS SORPRESES.

TOT EL QUE EXISTEIX NO ÉS MÉS QUE ENERGIA

3. ELS MEUS VIATGES PER L'UNIVERS.

COSMET JA VIU A LA TERRA I VISITA ALS SAVIS

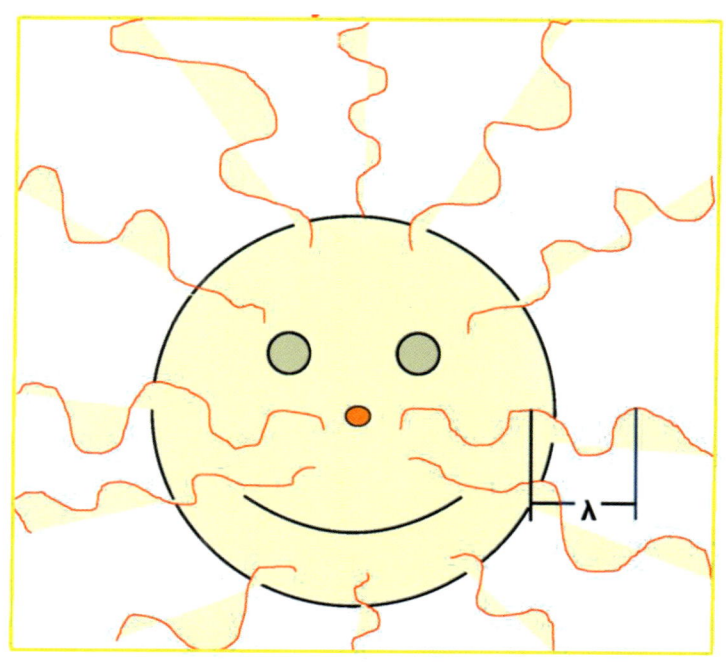

1.PERMETEU-ME QUE EM PRESENTI

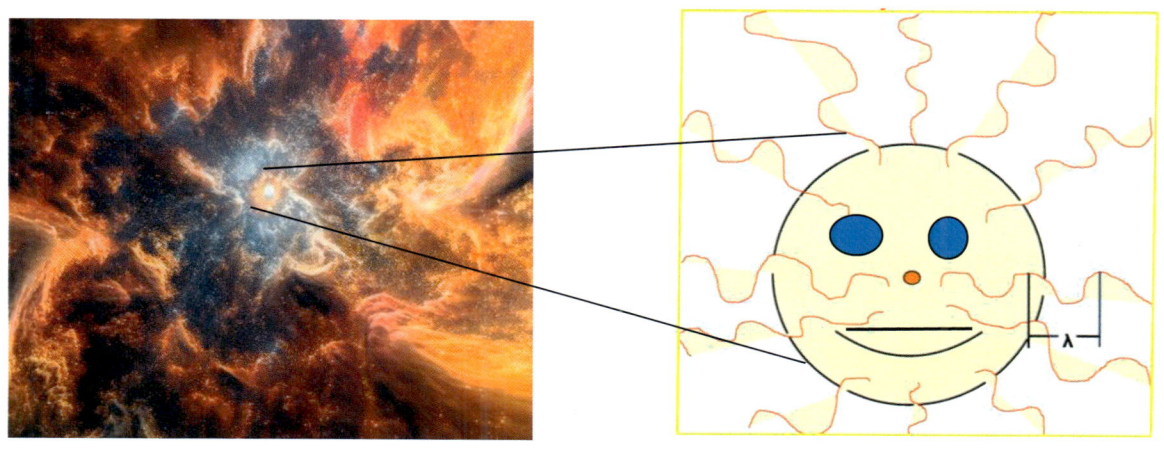

Em dic Cosmet i soc molt vell, ja que vaig néixer ara ja fa molts milions d'anys, quan es va formar l'univers.

Us explico els viatges que vaig fer per l'univers sense entendre res del que passava.

Però als darrers anys, he anat visitant als homes i dones més sàvies, que m'ho han explicat.

Ho he anat fent, després d'adoptar la meva forma humana, viatjant a través de l'espai i del temps.

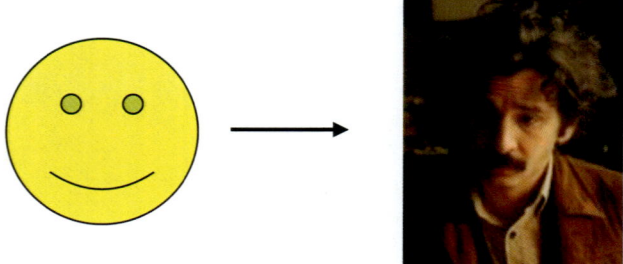 

Au, noies i nois. Divertiu-vos tot aprenent. Ja ho sabeu:

Aprendre per a saber i saber per a ensenyar

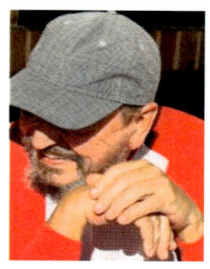

Jo soc l'amic enginyer de Cosmet.

Aquest mateix any i amb motiu de la plaga del coronavirus, vaig estar reclòs juntament amb els vostres pares, avis i tiets, durant dues setmanes, en un lloc solitari envoltat de muntanyes.

Per entretenir-nos, Cosmet va tenir la gentilesa d'explicar-nos les seves aventures i tot el que va veure durant la seva molt llarga vida. Ara Cosmet us ho explica a tots vosaltres.

Del banc d'imatges lliures de drets

Cosmet, que és molt gran, ja que ha complert els 13.700 milions d'anys, ha viatjat per tot l'univers i us conta totes les coses que han anat passant durant la seva llarga vida.

Ho he anat fent, després d'adoptar la forma d'home, viatjant a través de l'espai i del temps.

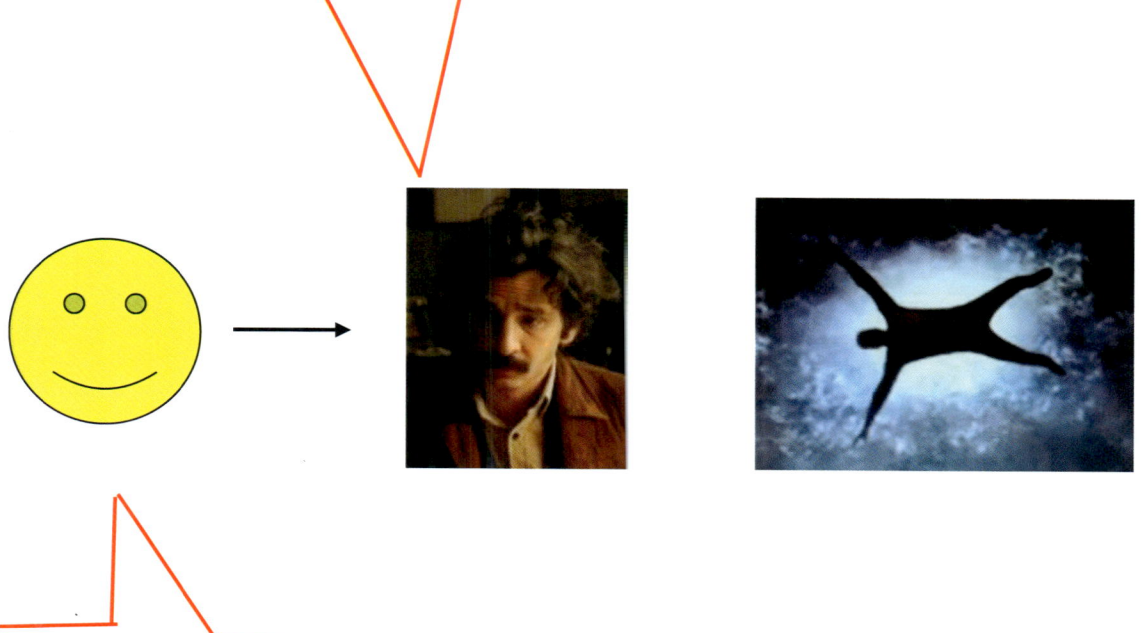

He viatjat per tot l'univers.

Ara visc a Barcelona, però continuo fent viatges per tot l'univers, després de deixar-me empassar per una estrella de les que en diuen forats negres.

Mireu com ho faig:

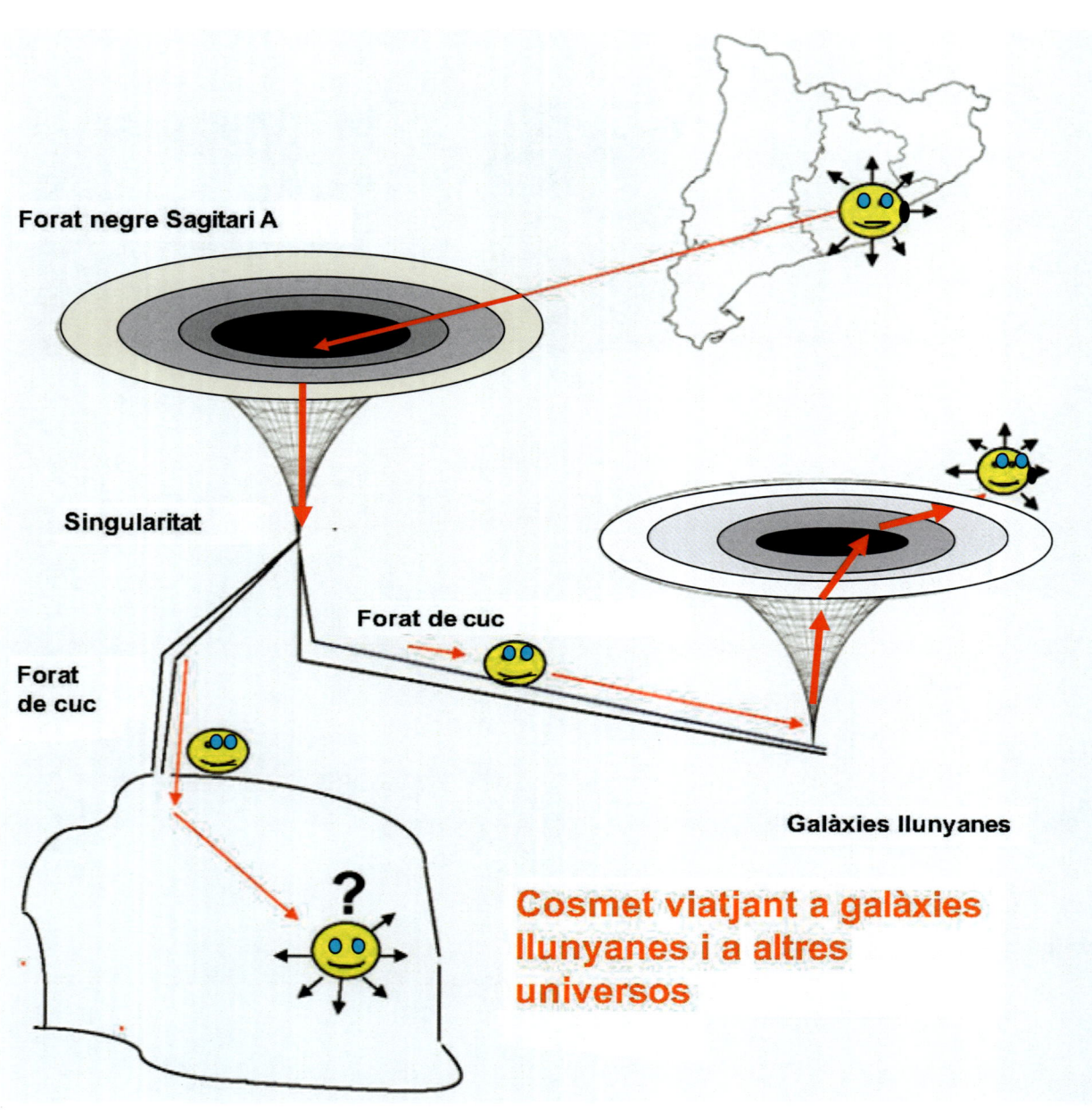

Forat negre Sagitari A

Singularitat

Forat
de cuc

Forat de cuc

Galàxies llunyanes

?

Cosmet viatjant a galàxies llunyanes i a altres universos

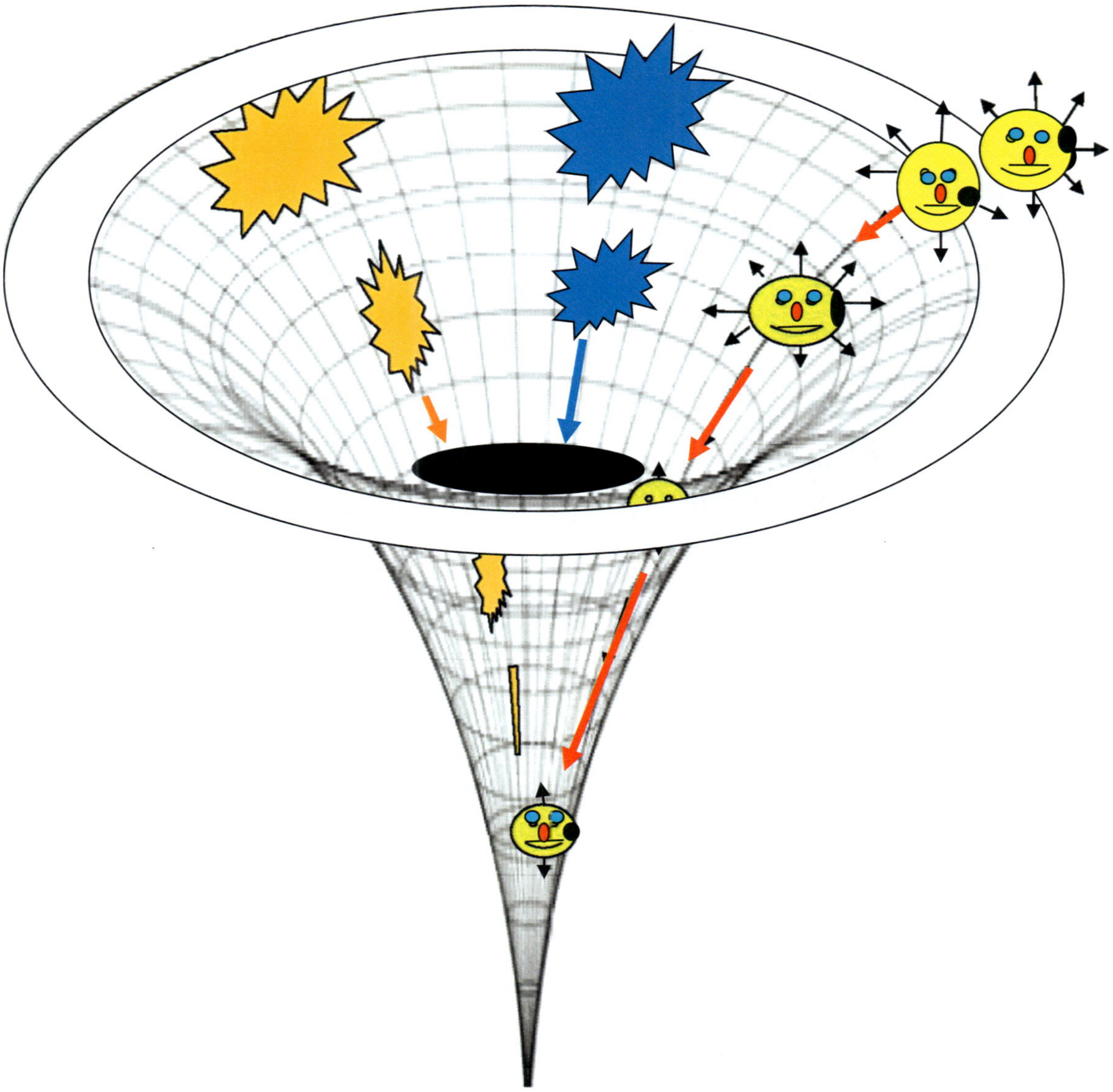

Vaig néixer al mig de la gran explosió que ara en diuen el Big Bang.

En el mateix moment que vaig néixer, els meus pares van veure, de seguida, que jo tenia uns grans poders.

El primer que els va sorprendre va ser que no tenia massa ni pes, i que podia viatjar molt de pressa; tant com em semblés.

Aquest fill que hem tingut no sembla normal

És que jo tenia també poders de moltes altres menes. Podia transformar-me en qualsevol cosa, per gran que aquesta fos.

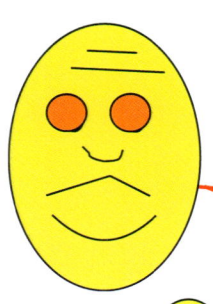

Donats aquests poders excepcionals que té aquest noi, li posarem de nom Cosmet

És que jo, a banda de poder viatjar més de pressa que la llum, també puc viatjar en el temps, i traslladar-me a qualsevol temps passat per anar a parlar amb els savis.

Espai - temps

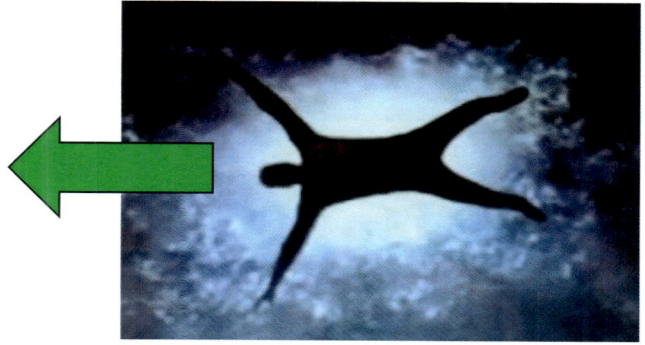

Amb alguns d'ells vaig arribar, fins i tot, a ser molt amic. Aquest és el cas, per exemple, d'Albert Einstein i de Max Planck.

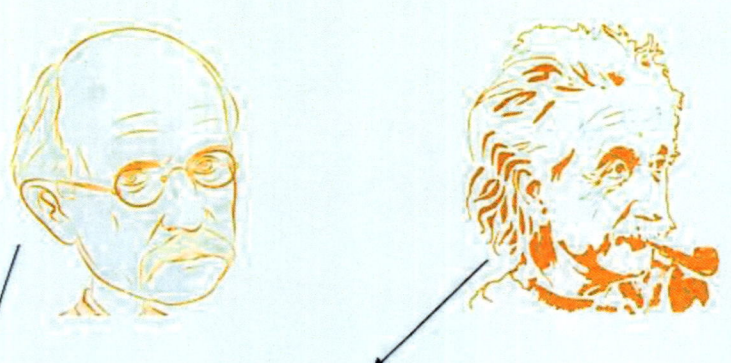

Em dic Albert Einstein i les meves teories han canviat tota la física de l'univers.

Jo em dic Max Planck i li recordo a l'amic Albert, que les meves teories també.

Pixabay D.P.

Durant tota la meva extensa vida sempre m'ha agradat viatjar.

He arribat, fins i tot, a les galàxies més llunyanes veient estrelles de diferents colors.

  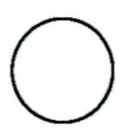    

| Blava | Blavenca | Blanca | Grogosa | Groga | Taronja | Roja |

Durant tota la meva llarga vida, m'he dedicat, doncs, a fer el que més m'agrada: observar i viatjar.

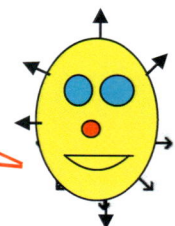

Però, mentre no viatjo, ja fa molt de temps que visc aquí al planeta Terra i concretament a Barcelona, perquè és la ciutat que més m'agrada. A més, gairebé sempre adopto la forma dels humans normals i faig la mateixa vida que ells.

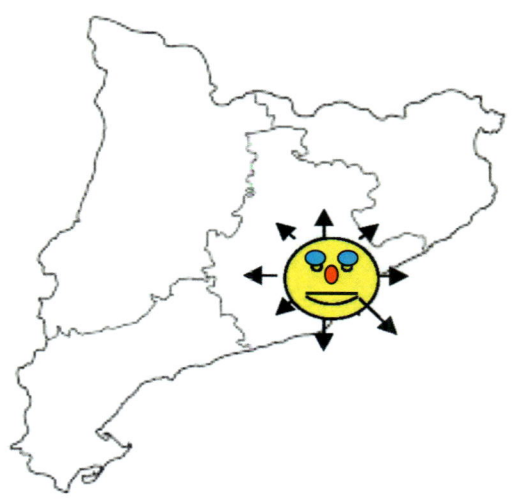

Quan vaig néixer l'univers era molt petit i només m'acompanyaven les partícules de llum que ara en diuen *fotons.* No són res més que uns petits granets d'energia.

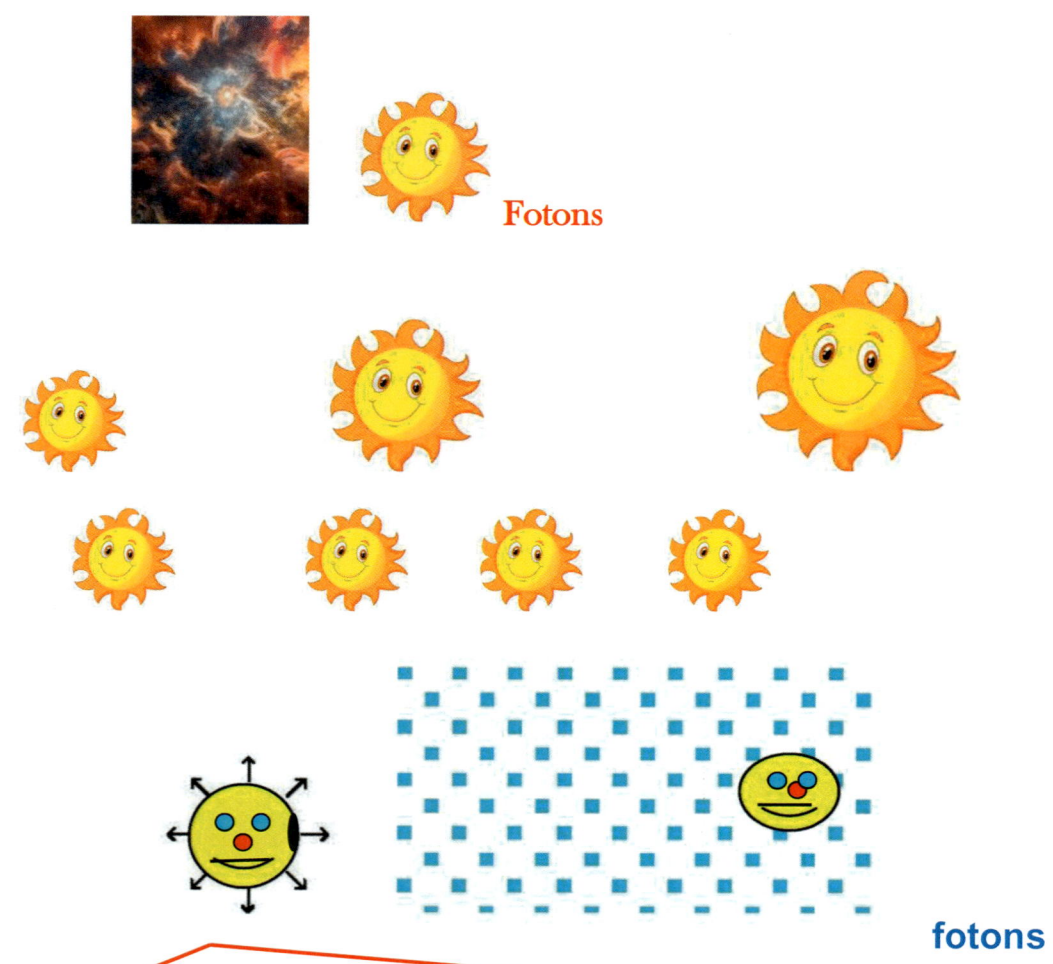

Fotons

fotons

Vaig veure, de seguida, que no podien estar quiets i que es movien constantment a la velocitat de la llum. Jo, en canvi, podia anar a cada moment a la velocitat que desitgés.

Jo era com una d'aquestes partícules, però amb una energia immensa.

Quan vull transformar-me en qualsevol cosa, el que faig realment és que a una determinada quantitat de l'energia que jo tinc, la taca negra, la transformo en qualsevol objecte i, fins i tot, en ésser viu, des d'un animal petitíssim a tots els més grans.

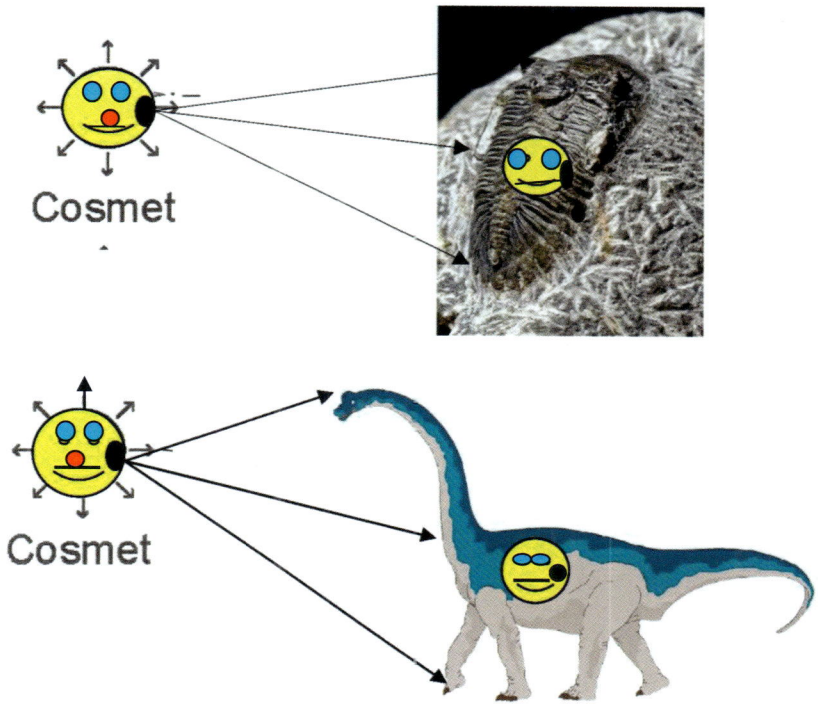

Imatges de Pixabay/Àlbum. Trilobits i rèptils prehistòrics

17

Just en aquell instant en què acabava de néixer, em vaig trobar immers dins del que em va semblar, d'entrada, una gran explosió, el *Big Bang*.

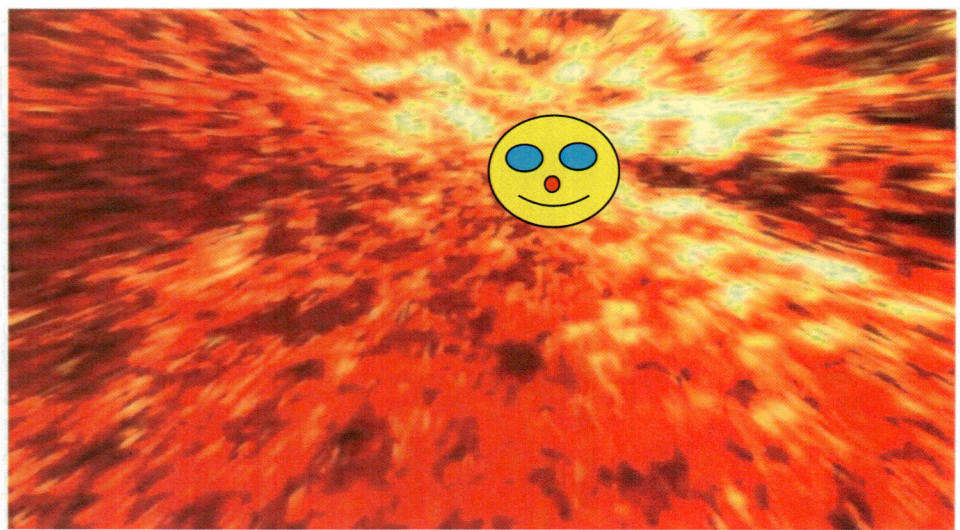

Als primers instants de la meva vida, en un ínfim lapse de temps, vaig veure que l'univers creixia enormement.

Sí, sí, va créixer uns 10.000 milions de quilòmetres en solament 0,00001 segons.

Alhora, vaig veure com al meu voltant apareixien i desapareixien, contínuament, tota mena de *partícules elementals*.

Apareixien moltes partícules de les quals ara en diuen *quarks* i també, entre moltes altres, les de menor massa que ara es coneixen com a *electrons*. Totes aquestes partícules elementals han estat les meves amigues al llarg de la meva vida.

e⁻

Jo soc l'electró i m'he reunit amb molts companys per anar girant al voltant de tots els àtoms que existeixen.

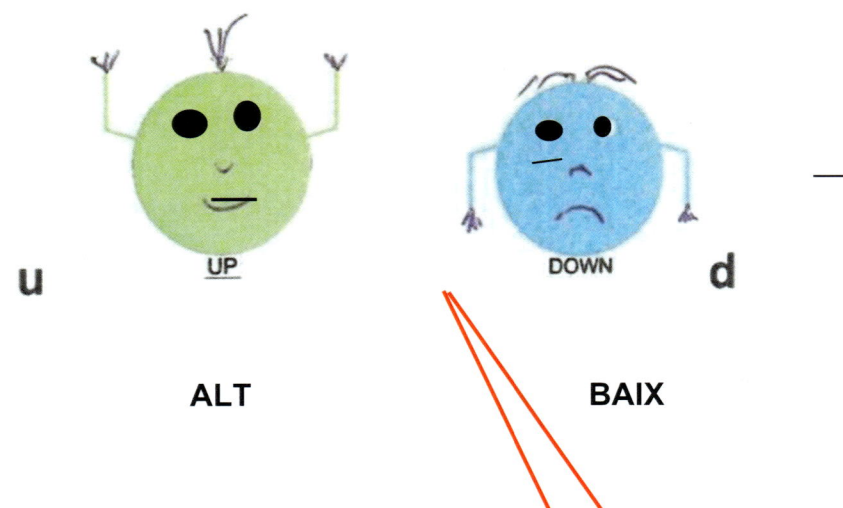

u   UP   DOWN   d

ALT   **BAIX**

Nosaltres som el quark alt i el quark baix. Ens hem mantingut sempre estables i, dintre dels àtoms, formem, juntament amb els electrons, tota la matèria que hi ha a l'univers.

Quan vaig arribar a l'edat de més o menys *un milió d'anys*, les partícules amb massa van començar a agrupar-se formant molts núvols que lentament es contreien, de manera que es van començar a formar els objectes còsmics que coneixem. Això ha anat passant durant tota la meva vida. S'han anat formant, i encara es formen, tota mena d'estrelles diferents.

blava   blavenca   blanca   grogosa   groga   taronja   roja

Aquestes estrelles s'envoltaven dels objectes més petits que ara coneixem com a *planetes.* Un d'ells és la Terra.

També, moltes s'agrupaven formant els grans grups d'estrelles que ara en diuen *galàxies.*

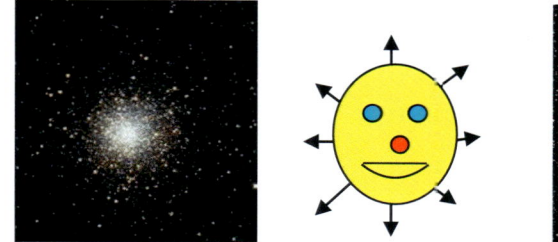

Viquipèdia D.P.

Galàxia rodona

Galàxia espiral

Pixabay/Àlbum

Tots els viatges els vaig fer en la meva forma natural de partícula. Només quan m'interessava alguna cosa per algun motiu, sense perdre la meva essència pròpia de partícula, em desdoblava adoptant també altres formes.

Per exemple, sempre que he volgut conèixer la massa dels objectes còsmics, una petita part de la meva immensa energia l'he transformada en una balança gegant.

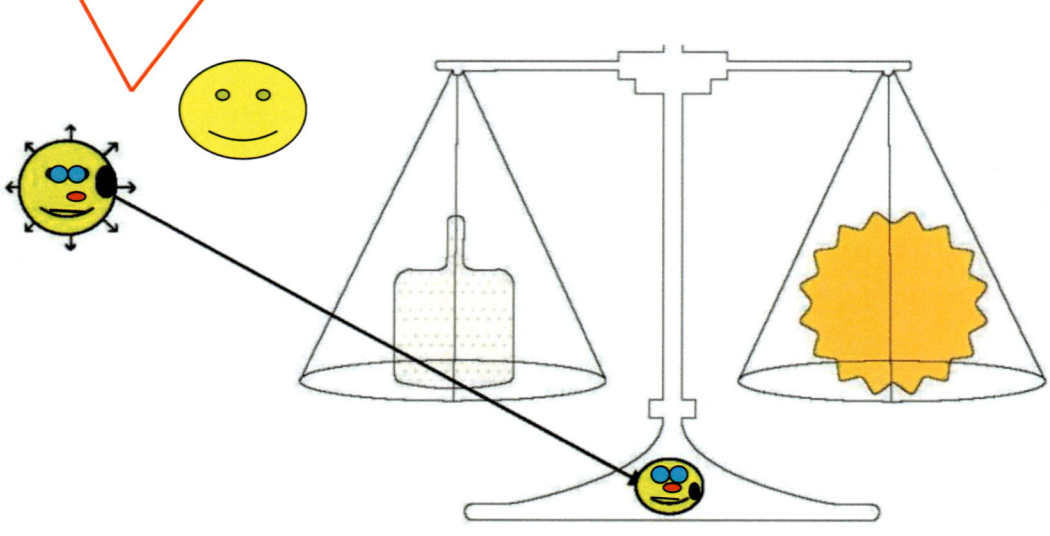

Igualment, quan he desitjat saber la temperatura de qualsevol objecte còsmic, una petita part de la meva energia l'he convertida en un termòmetre gegant calibrat en graus. Amb ell he pres la temperatura de tots els objectes còsmics que he conegut.

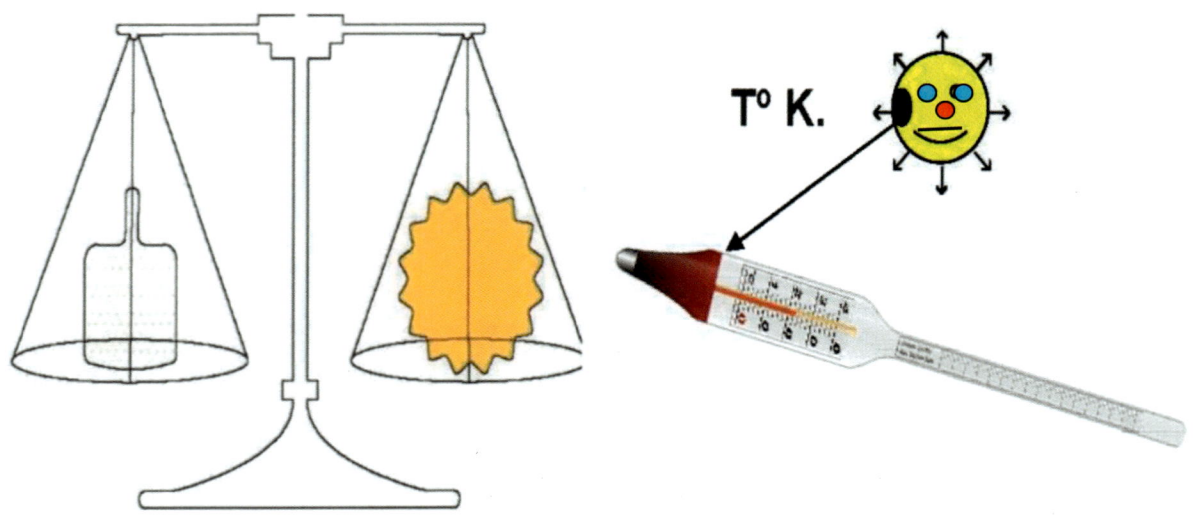

Tº K.

Continuo amb la història de la meva vida. Fa aproximadament uns *4.600 milions d'anys,* quan jo ja tenia 9.000 milions d'anys, vaig observar que s'estaven formant el Sol i els planetes, entre ells la Terra.

Pel que fa a aquesta, en aquests anys vaig veure que s'anava transformant sense parar. Vaig poder veure, per exemple, com la distribució de continents i oceans anava variant constantment. Mentre uns s'enfonsaven als mars, altres anaven emergint.

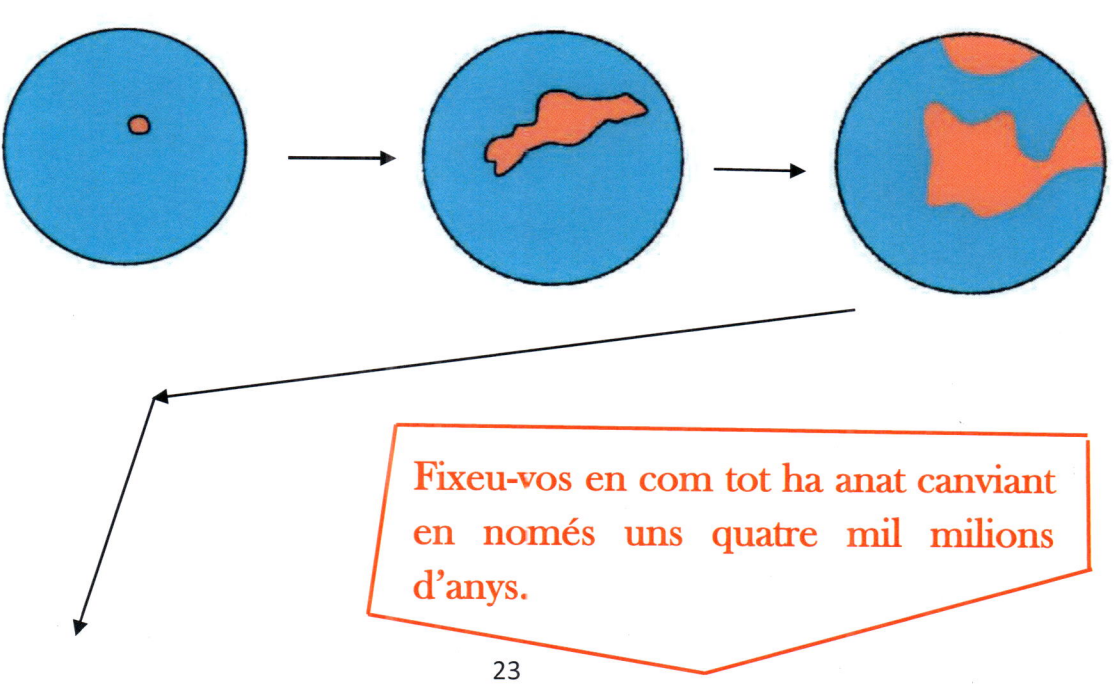

Fixeu-vos en com tot ha anat canviant en només uns quatre mil milions d'anys.

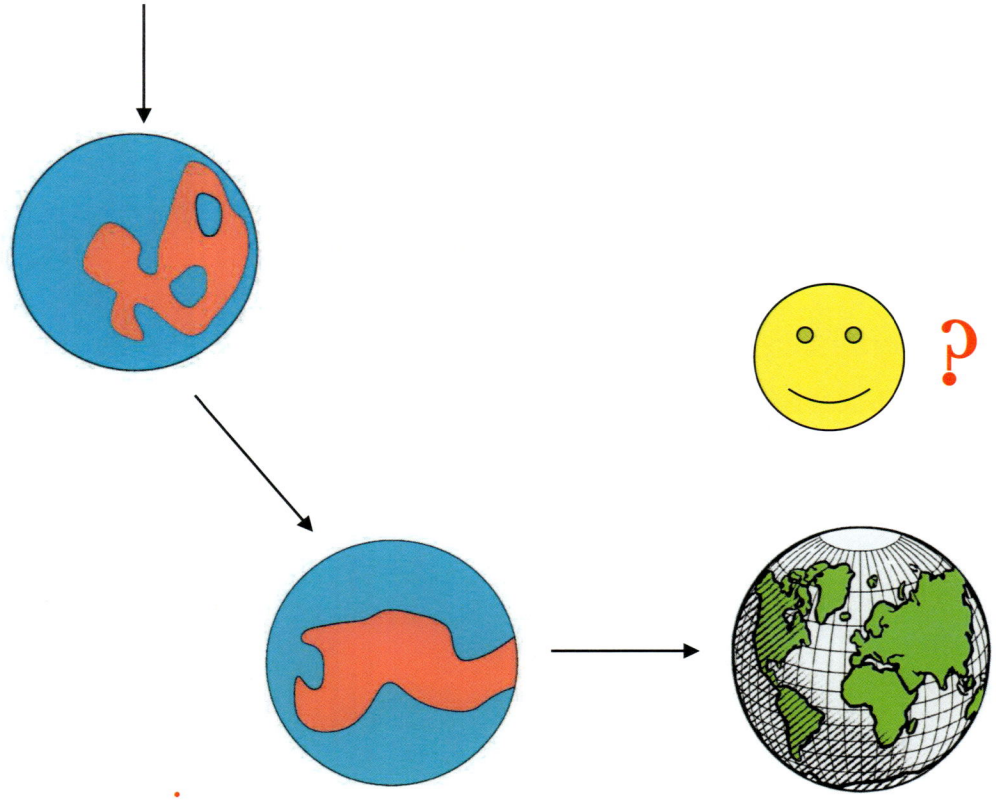

Però el més curiós, que he pogut veure, s'ha produït durant els darrers 700 milions d'anys. Ha estat l'aparició a la Terra dels animals.

Des del primer moment, vaig prendre l'aspecte dels petits animals marins que van començar a aparèixer. De tots aquests, ara els humans només en coneixen els seus esquelets petrificats. En diuen fòssils.

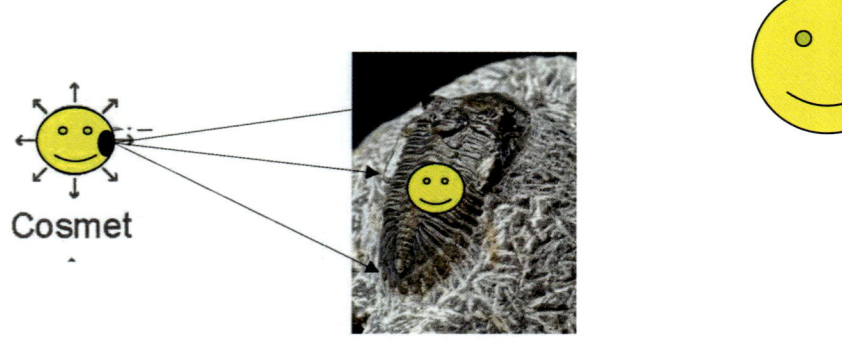

Cosmet

Però també, a partir de fa només uns 250 milions d'anys, em vaig transformar en animals molt grans com els mamuts i els dinosaures, i vaig passar una temporada amb ells.

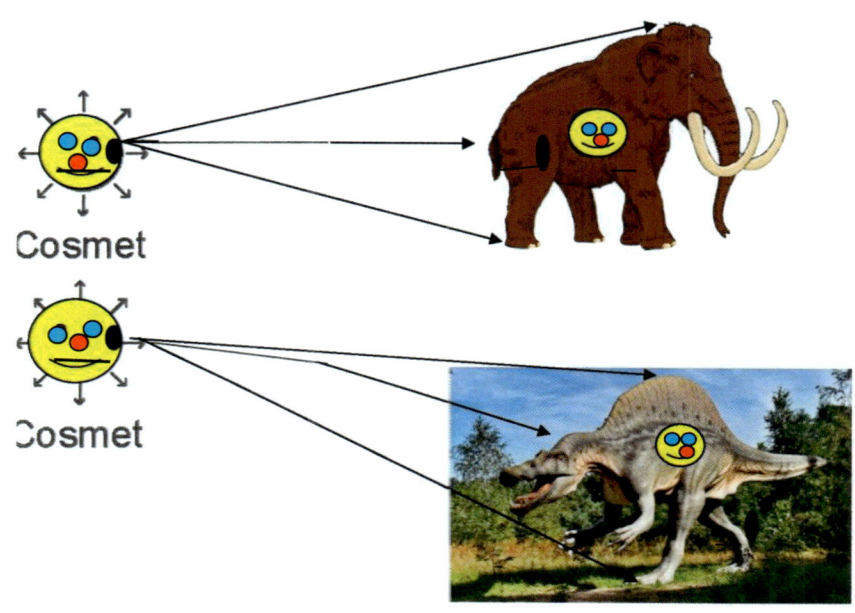

Cosmet

Cosmet

Pixabay/Àlbum

Fa tot just un milió d'anys quan, dins de les espècies animals, va aparèixer l'espècie humana, la principal característica de la qual és tenir, gairebé sempre, una intel·ligència superior a les altres; vaig decidir adoptar la forma d'aquesta espècie animal.

25

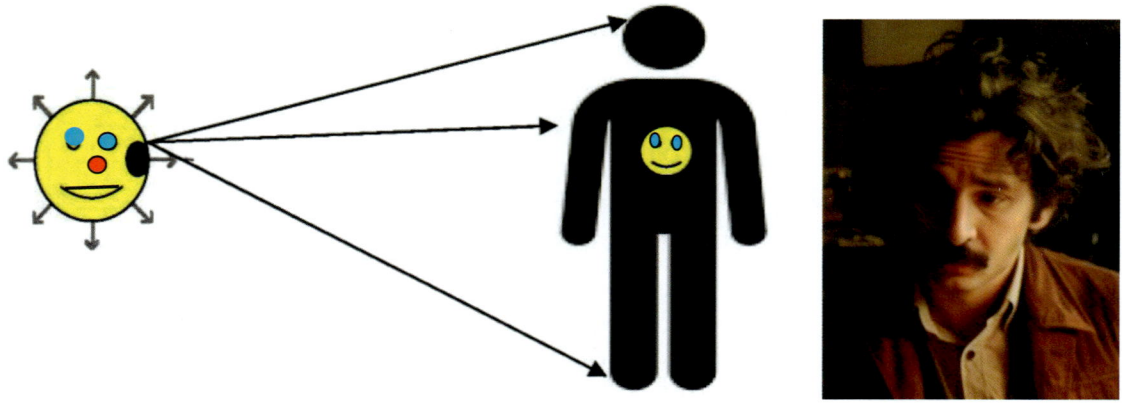

Des de fa només uns 2.500 anys, i en la meva forma humana, vaig decidir anar a visitar als savis.

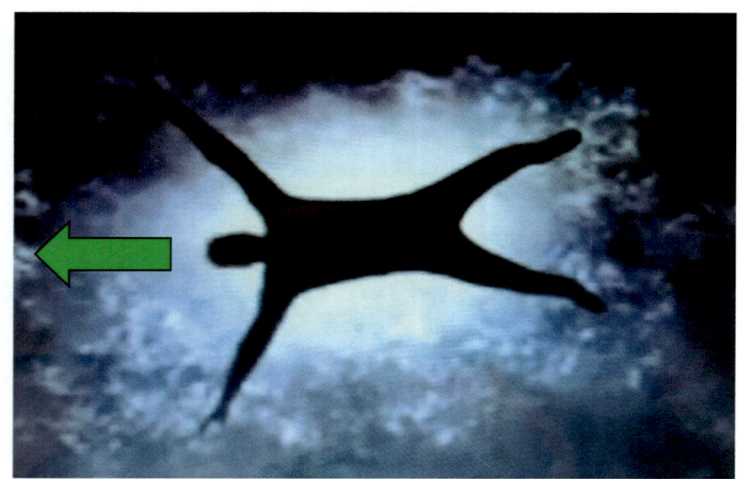

Bé, ara ja sabeu qui soc i com soc, i de quina manera veig els humans normals amb els quals em relaciono. No us he dit que soc amic de molts; fins i tot que estic casat i que tinc família.

Sí, sí; quan ja fa uns anys vaig decidir buscar parella, em vaig dedicar a observar amb atenció totes les dones que existien i precisament la que més m'agradava es va enamorar de mi.

A més, fa molt poc temps, m'he fet molt amic d'un humà molt normal amb qui mantinc una gran relació.

ELS MEUS VIATGES PER L'UNIVERS
I LES MEVES VISITES ALS SAVIS

Us explicaré primer els meus viatges per l'univers fins que vaig tenir l'edat de 9.000 milions d'anys, que va ser quan es van formar el Sol i els seus planetes.

Els vaig fer tots ells en la meva forma natural de partícula i únicament quan m'interessava per algun motiu n'adoptava d'altres. Ja us he esmentat, per exemple, com m'he transformat en una balança gegant sempre que he volgut conèixer la massa dels objectes còsmics.

En tots aquests viatges em vaig dedicar, bàsicament, a conèixer tots els que es van anar formant i l'evolució dels mateixos a mesura que transcorria el temps.

Vaig veure néixer estrelles, sempre a partir d'un núvol molt gran de gas on s'anaven formant grumolls i concentracions de les partícules que les constituïen.

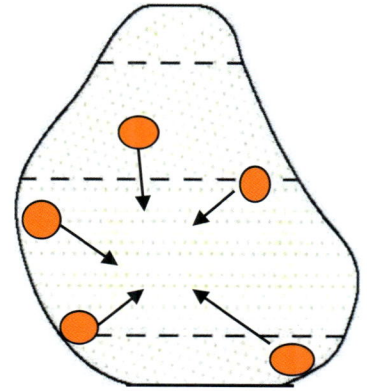

Mai vaig saber per què passava això, fins que m'ho va explicar el senyor Isaac Newton quan el vaig visitar fa no gaires anys. Diuen que ho va descobrir quan, tot dormint sota un pomer, li va caure una poma al cap.

reepik.es. Vector gratuït

Mira Cosmet. Això és a causa de l'efecte de *l'atracció gravitatòria,* una força que existeix entre totes les coses que tenen massa. S'atrauen entre elles.

En els meus primers 9.000 milions d'anys, vaig observar moltes de les estrelles que s'anaven originant. Igualment, vaig comprovar com s'agrupaven formant les galàxies.

Us avanço que quan tenia poc més de 1.000 milions d'anys, em vaig fixar en els objectes còsmics anomenats *forats negres*. Quan vaig tenir ocasió de visitar-los, vaig poder sortir del nostre univers i descobrir l'existència de molts altres.

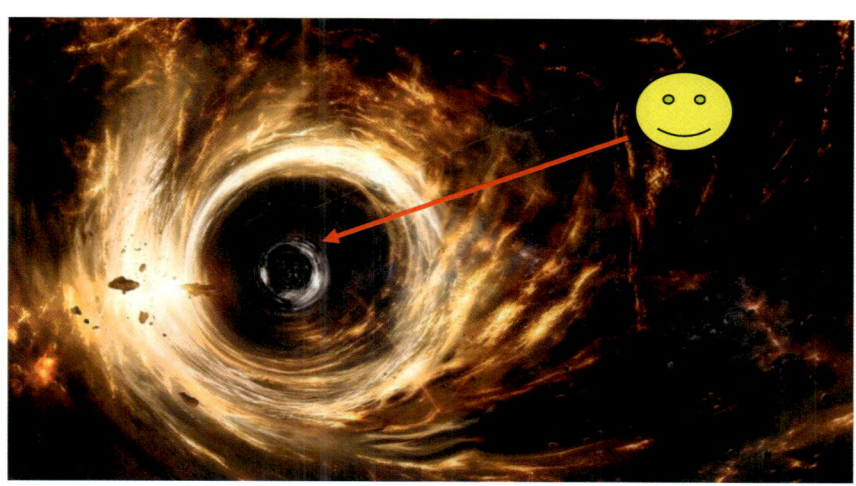

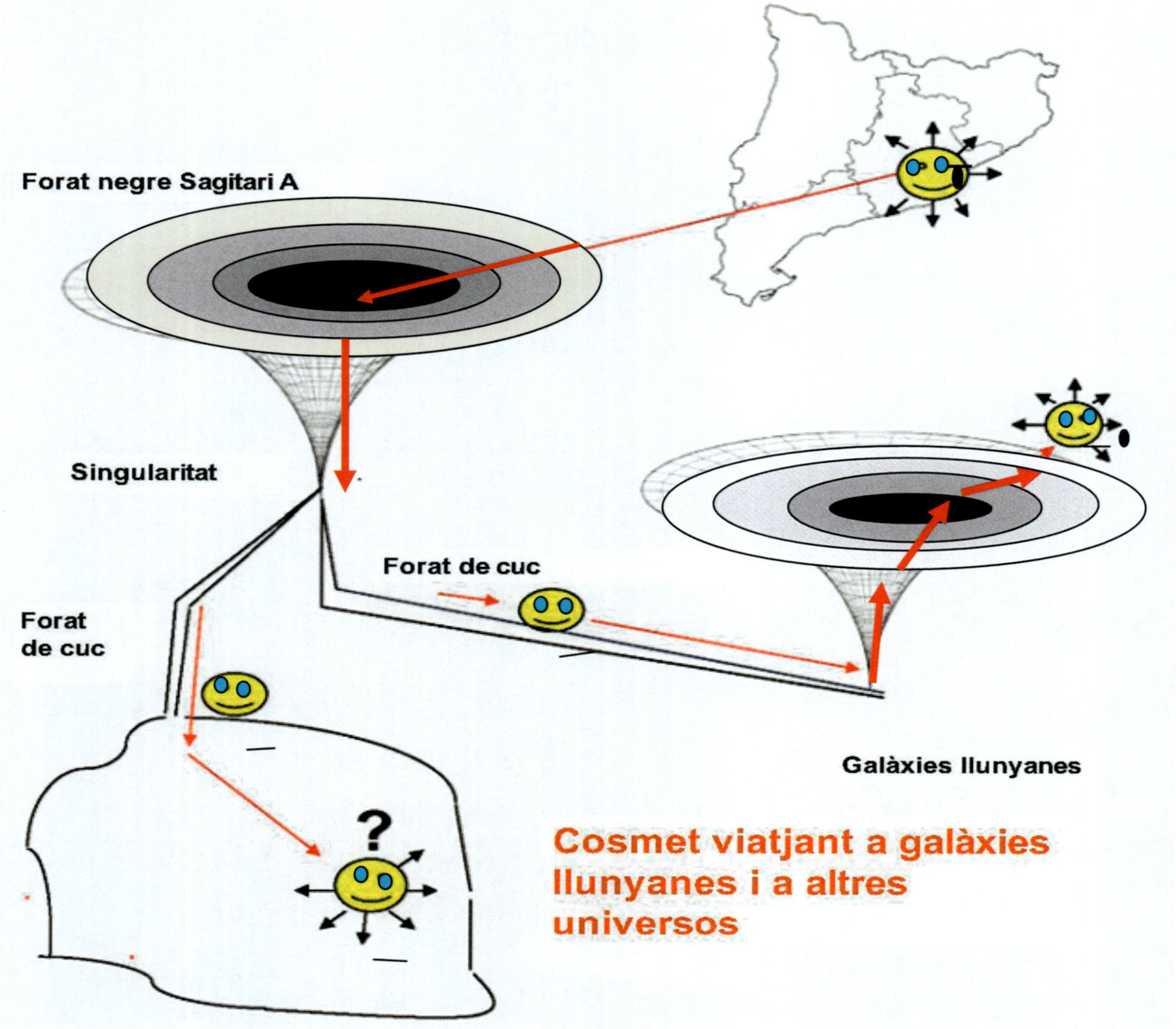

Forat negre Sagitari A

Singularitat

Forat de cuc

**Forat
de cuc**

Galàxies llunyanes

**Cosmet viatjant a galàxies
llunyanes i a altres
universos**

Allà vaig veure amb sorpresa que, de manera instantània, podia connectar-me, seguint els camins que els savis anomenen forats de cuc, amb tots els altres forats negres que existeixen i visitar així, fins i tot les galàxies més llunyanes.

Les meves visites als savis

Ha estat en els darrers 2.500 anys, quan m'he dedicat a entaular conversa amb moltes persones; en particular, amb els savis, sense entrar mai a discutir res amb ningú.

M'han dit que el comportament de l'univers obeeix sempre a determinats models matemàtics.

Un dels casos més importants d'aquest fet és el que em va explicar el senyor Albert Einstein sobre que la massa de qualsevol objecte no és més que una forma d'energia.

Ell va obtenir la relació entre la massa i l'energia, simplement mitjançant uns càlculs matemàtics.

Uns quants anys més tard, per desgràcia, tot va quedar verificat en dues experiències molt nefastes que van ser les d'Hiroshima i Nagasaki a la Segona Guerra Mundial.

Simplement, una petita massa radioactiva va explotar convertint-se en altres tipus d'energia equivalent. Les dues bombes varen matar unes 200.000 persones.

Hiroshima

Pixabay/Àlbum

Només és des de fa 2.500 anys, que vaig començar a entendre alguna cosa de tot el que havia vist, després de viatjar en el temps i anar a veure als grans savis.

A banda de les meves visites a cada savi, una vegada vaig coincidir amb molts d'ells quan, l'any 1927, es trobaven junts en un ja històric congrés.

Gairebé tots eren posseïdors del Premi Nobel, o ho serien al cap de poc temps. La fotografia dels assistents decora moltes universitats de ciències de tot el món.

Fila 3   Schrodinger   Pauli   Heisenberg

Fila 1   **Planck**   **M.Curie**   **Lorentz**   **Einstein**

Fila 2   Dirac   De Broglie   Born

Per acabar, us he de dir també que, en totes les meves visites als savis, m'he guardat molt d'explicar-los la meva veritable naturalesa com a partícula quàntica, ja que penso que no ho haurien entès en absolut.

Ara com ara, no he conegut cap savi que pugui explicar la meva naturalesa, ja que aquesta va en contra de totes les teories acceptades. L'única explicació que a mi se m'acut és que, possiblement, jo devia néixer en un altre univers regit per lleis i paràmetres diferents i, per un simple atzar, quedar incorporat al nostre.

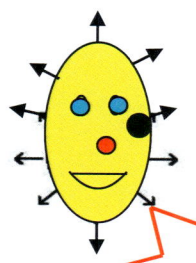

Xit!

Si us plau, no digueu res a ningú d'això; no ho entendrien i us prendrien per bojos o per mentiders.

Durant els darrers anys, a banda de visitar molts més savis, he realitzat altres tipus d'activitats amb què m'he entretingut molt. Entre elles, us parlaré de les excursions que he fet acompanyant astronautes en totes les seves missions espacials. La més emocionant per a mi va ser quan vaig acompanyar discretament el senyor Neil Armstrong i els seus companys en el seu passeig per la lluna.

També ho he passat molt bé pujant als artefactes que els savis humans han anat inventant i construint per poder observar l'univers. Per exemple, he passat moltes hores viatjant per l'espai dins del telescopi espacial anomenat *telescopi espacial Hubble*.

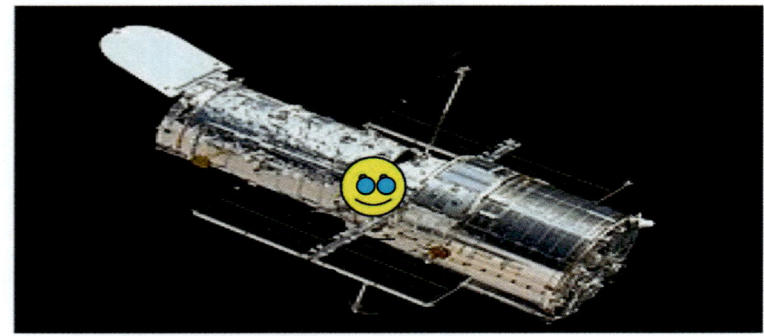

Ara us explicaré com vaig poder conèixer l'existència de molts universos entrant pels forats negres:

Quan jo ja tenia més de 1.000 milions d'anys, em vaig anar fixant en els objectes còsmics que ara es diuen forats negres. Vaig tenir ocasió d'anar a un d'ells i, a través d'ell, vaig descobrir l'existència de molts altres universos.

Em vaig decidir a visitar un forat negre i, quan m'hi vaig anar acostant, vaig notar amb sorpresa que el forat m'estirava amb una gran força cap a dins seu. Se m'estava empassant amb gran voracitat; a més, no només a mi, també a estrelles i a tot allò que es trobava al seu voltant.

Forat negre

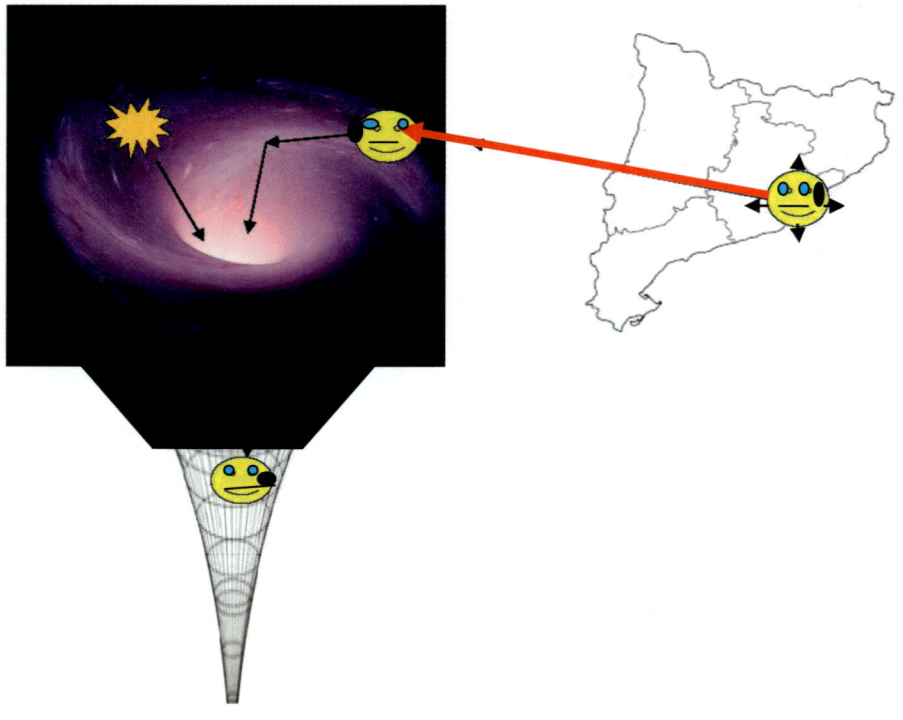

Aquest va ser el moment més emocionant de la meva vida. Vaig arribar al punt que, mirant cap amunt, no era capaç de veure res.

Aleshores vaig contemplar que tot el que absorbia el forat negre s'anava estirant ràpidament.

Això és el que li va passar a un astronauta procedent d'un planeta proper dels molts que hi ha habitats. Tot passejant a prop del forat negre, va tenir la mala sort de caure-hi. El pobre es va anar estirant tant que es va convertir en una mena d'espagueti i, quan jo ja no en veia més que una línia, va acabar per desaparèixer.

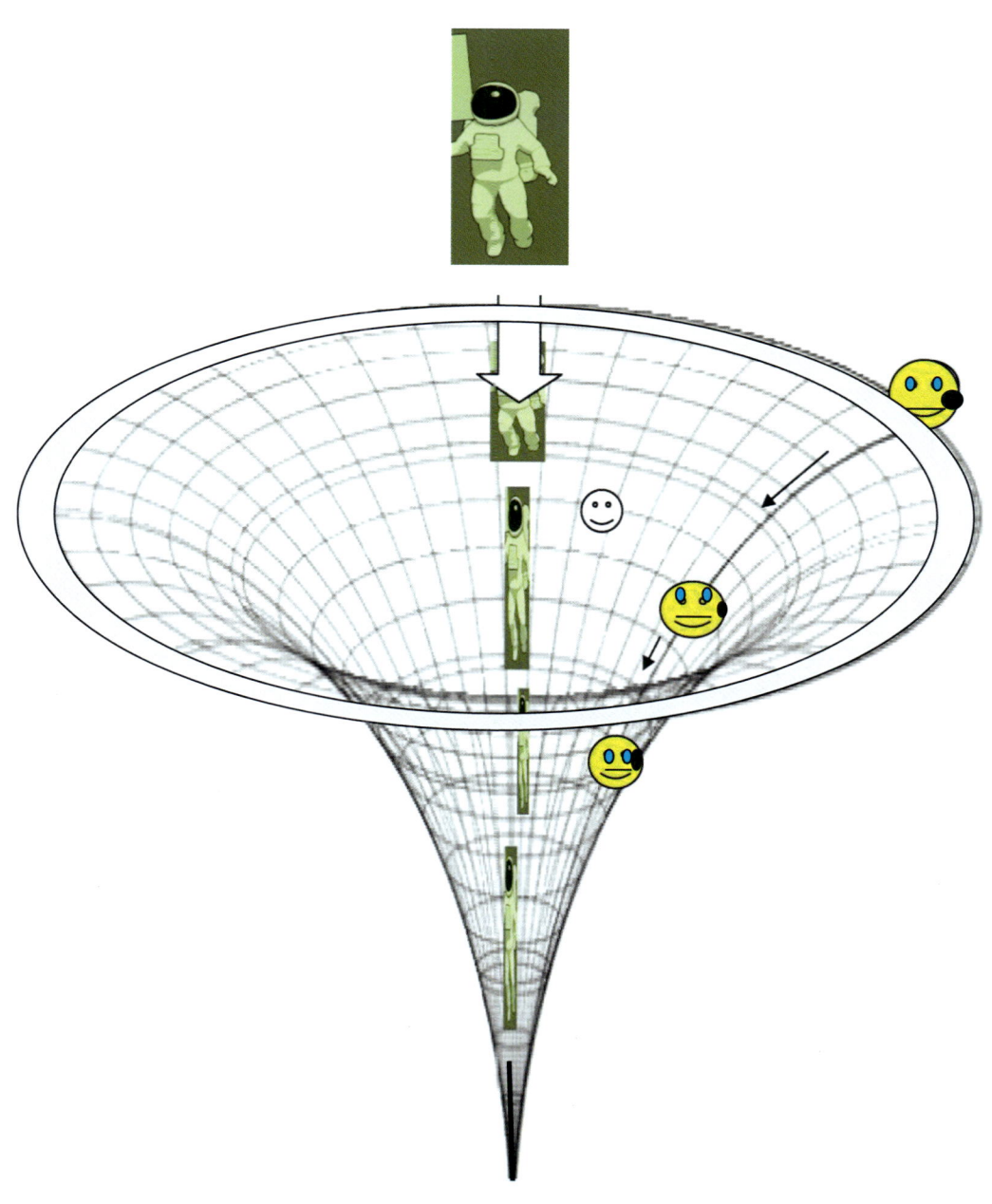

Segons vaig anar avançant tot es destruïa, però, en ser jo indestructible, vaig aconseguir arribar al centre del forat negre.

Quan hi vaig arribar, vaig veure els camins que ara alguns savis anomenen forats de cuc i els representen segons aquesta imatge.

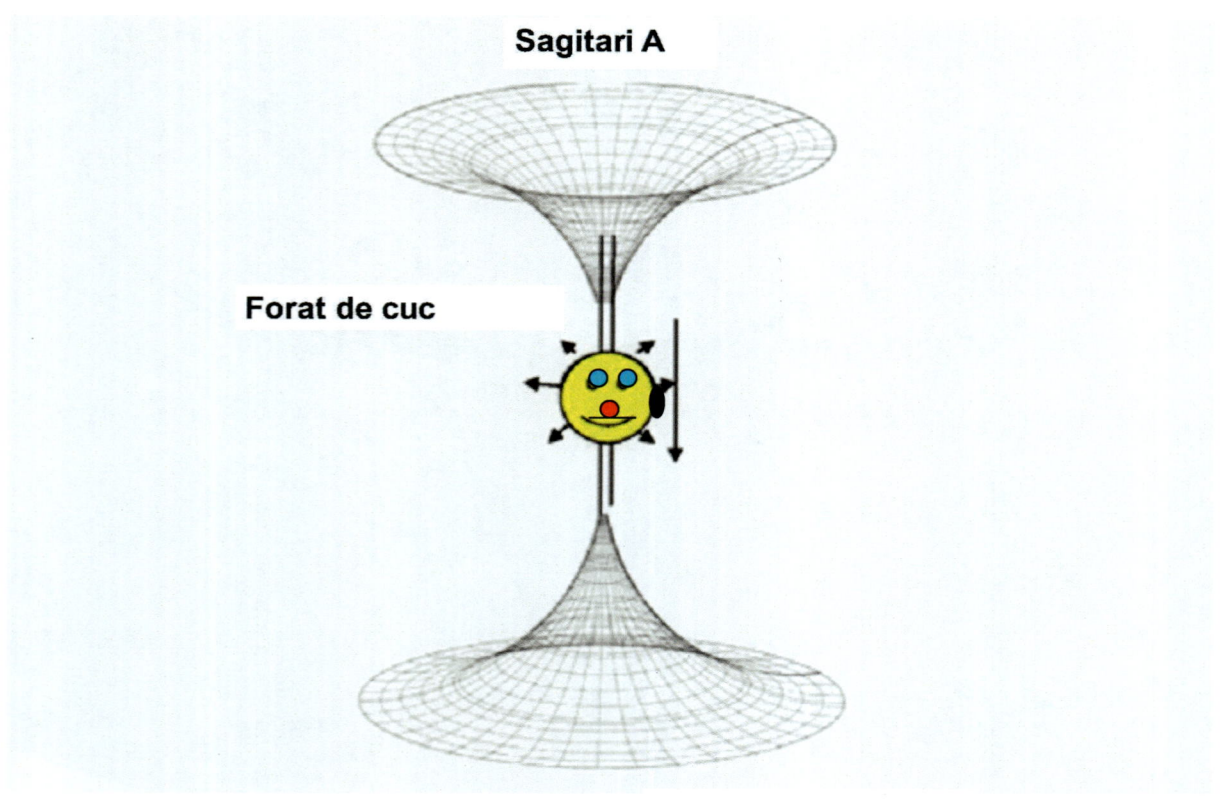

Galàxia llunyana

Pixabay D.P.

42

Com que en aquell lloc el temps estava parat i no passava, em podia desplaçar instantàniament a través d'ells. Aviat em vaig adonar que així podia arribar al centre de tots els forats negres que hi ha i, després de travessar-los en sentit invers, accedir a totes les galàxies.

Però no va ser aquesta la meva sorpresa més gran; el més emocionant va consistir en conèixer molts altres universos, atès que tots ells es trobaven connectats en aquell punt. Però d'entrada, mai no vaig entendre que el temps s'aturés.

Ara ja ho entenc perquè m'ho va explicar ni més ni menys que el meu amic Albert Einstein.

Mira Cosmet: El temps va passant cada vegada més lentament a mesura que s'entra en un forat negre.

Així, al fons dels forats negres, el temps es troba aturat.

Això fa que allí es trobin connectats tots els universos que existeixen i tots els forats negres del nostre univers.

Per aquest motiu, em són molt útils per arribar a qualsevol galàxia. Només em cal acostar-me al forat negre més proper i, després de deixar-me arrossegar, seguir instantàniament les dreceres que constitueixen els forats de cuc que, al moment, em condueixen a qualsevol galàxia i fins i tot als altres universos.

El forat negre pel qual acostumo a entrar, quan vull visitar galàxies distants, ara és conegut pels savis astrònoms. En diuen Sagitari A* i és el forat negre més proper. Es troba al centre de la nostra galàxia.

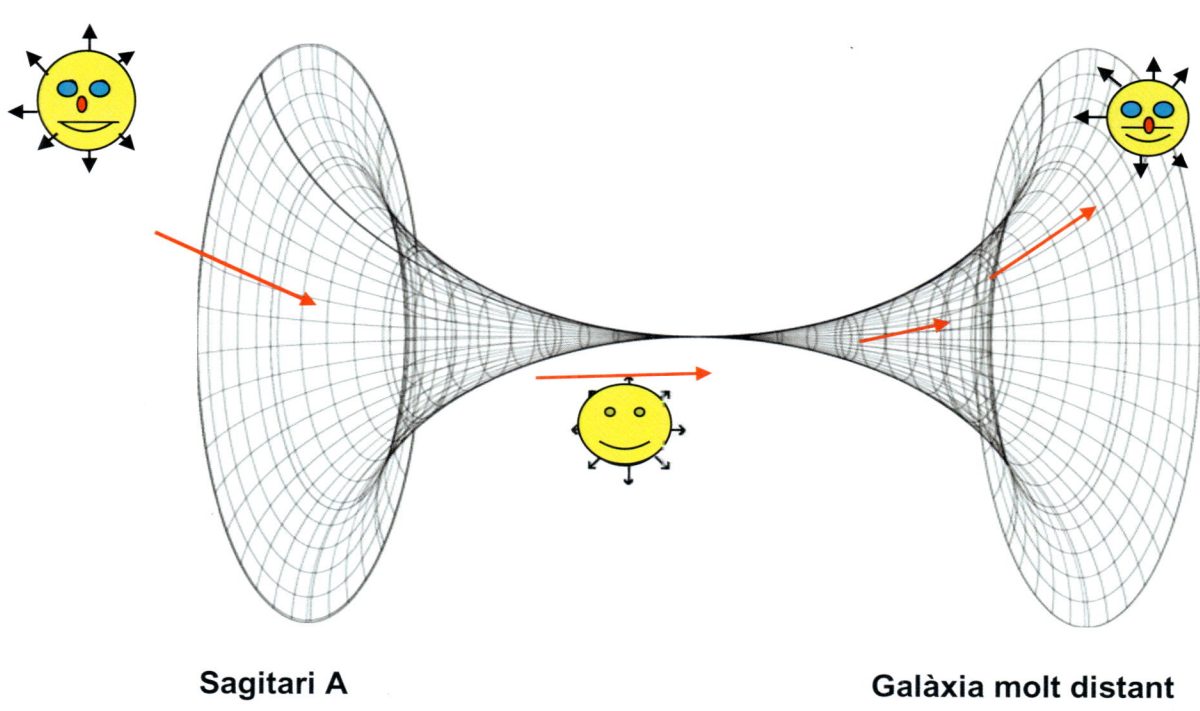

Sagitari A   Galàxia molt distant

Cosmet viatjant a una galàxia molt distant després de deixar-se arrossegar per Sagitari A

En els meus viatges a galàxies llunyanes, a través dels forats negres, he descobert també molts éssers extraterrestres.

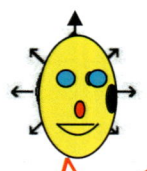

Ja us he relatat com en el meu primer viatge per un d'aquests forats, em vaig topar amb un ésser extraterrestre semblant a nosaltres, procedent d'un planeta proper, que passejant a prop del forat negre, el pobre va tenir la mala sort de ser engolit per ell. Vaig saber llavors que existien éssers extraterrestres.

En els viatges per l'univers que he fet a partir d'aquell instant, he tingut ocasió de visitar els planetes més llunyans.

Vaig veure que en alguns hi havia éssers vius de tota mena, gairebé sempre molt diferents dels que existeixen o han existit a la Terra. En canvi, altres sí que tenien certa semblança amb alguns d'aquests.

Vaig poder observar també que alguns s'assemblaven una mica als animals normals d'aquí i en vaig arribar a conèixer alguns molt intel·ligents; fins i tot, un de semblant als gossos.

Pixabay, Àlbum

Tampoc és que els hagi conegut massa bé, ja que em va ser impossible comunicar-m'hi. Lògicament, no parlaven cap dels idiomes de la Terra.

Molts humans normals no creuen ni tan sols en l'existència dels extraterrestres. No n'han trobat cap, ja que, en els sistemes planetaris de les estrelles situades per aquí a prop, no n'hi ha cap d'habitable. Però els que creuen en la seva existència tenen raó.

L'univers n'és ple i es troben a gairebé totes les galàxies, però els més propers que jo he visitat son molt lluny. Sé que alguns de vosaltres heu vist el que us han semblat objectes volants procedents d'altres planetes i que, a més, teniu molta por que algun dia els extraterrestres envaeixin la Terra.

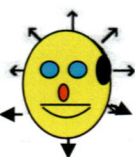

Si us plau, no tingueu por; podeu estar tranquils.

Tots sabeu que res, que no sigui jo mateix, pot viatjar a una velocitat més gran que la de la llum, i els nostres homòlegs alienígenes més propers trigarien molt més de 10.000 anys a arribar.

Bé, ja hem acabat el nostre primer dia a les muntanyes.

Moltes gràcies a tots per la vostra atenció.

Aplaudiments

No, no, jo no em mereixo cap aplaudiment, ja que m'estic limitant a exposar-vos el que he vist i el que els savis m'han explicat. A ells els remeto els vostres aplaudiments perquè són els que realment ho mereixen.

Eduard Alabern Valentí

"COSMET" EXPLICA LA SEVA VIDA ALS NOIS I NOIES DE 8 A 14 ANYS (2)

ELS MEUS TRES PRIMERS MINUTS DE VIDA I TOT EL QUE VAIG ANAR VEIENT. LES MEVES GRANS SORPRESES

u   UP   DOWN   d

Quarks

 e⁻ Electró

El moment en què vaig néixer com a partícula quàntica vaig veure que anaven naixent les partícules elementals.

Just quan acabava de néixer em vaig trobar immers dins una gran explosió, la que ara anomenen el *Big Bang*. Vaig veure, tal com us he dit, que l'univers creixia sobtadament d'una manera exorbitant fins a convertir-se en una esfera de radi igual a aproximadament *10.000 milions de quilòmetres*.

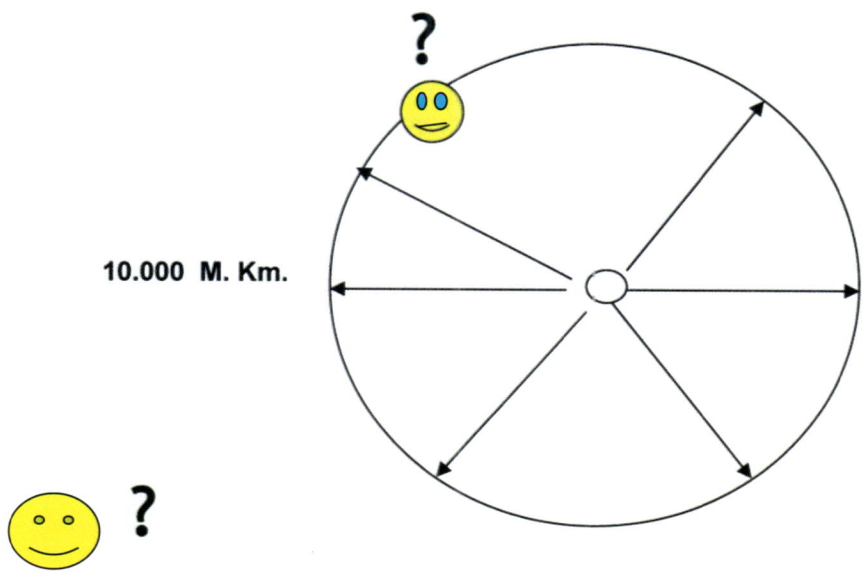

10.000 M. Km.

Sí, sí. Va créixer 10.000 milions de quilòmetres en solament 0, 00001 segons.

Aquesta distància és més de sis-centes vegades la que hi ha de la Terra al Sol. Sé que us deu semblar increïble, però jo us ho puc assegurar, ho vaig contemplar.

No vaig entendre res del que passava. Mai ho vaig entendre fins fa molt poc temps, quan he xerrat amb savis humans.

El primer va ser un eminent cosmòleg que es diu *Alan Guth*. Em va explicar el que ell pensava que havia passat.

Més tard vaig visitar el gran físic *Steven Weinberg*, que em va detallar les possibles causes d'aquell comportament tan singular de l'univers.

Alan Guth   **Cosmet**   **Steven Weinberg**

Alan Guth. Llicència Creative Commons Attribution-Share Alike 3.0 Unported . Autor Betsy Devine.
Steven Weinberg.   Steven Weinberg 1983.jpg - Viquipèdia, l'enciclopèdia lliure.

Wikimedia Commons de contingut lliure. 31 d'agost de 1983. http://proxy.handle.net/10648/ad2d0fcc-d0b4-102d-
bcf8-003048976d84 . Rob Croes per a Anefo. Disponible sota la llicencia Creative Commons. Domini Públic CC0 1.0
Universal.

> El primer que vaig veure en néixer va ser, tal com us he comentat, una gran inflació inicial de l'univers. Fins al final d'aquesta jo no vaig poder veure partícules ordinàries; només vaig veure fotons.

Fotó

> Tots eren com jo mateix, però amb menys energia i amb moltes limitacions. No paraven de moure's i sempre a la mateixa velocitat.

53

També vaig veure, amb sorpresa, que existia el que ara en diuen antipartícules. Determinats fotons es transformaven en parelles d'una partícula i la seva antipartícula. Són idèntiques, però amb l'energia i altres característiques de signe diferent.

A més a més, vaig poder veure que quan una partícula i la seva antipartícula es trobaven, immediatament s'aniquilaven resultant un altre fotó.

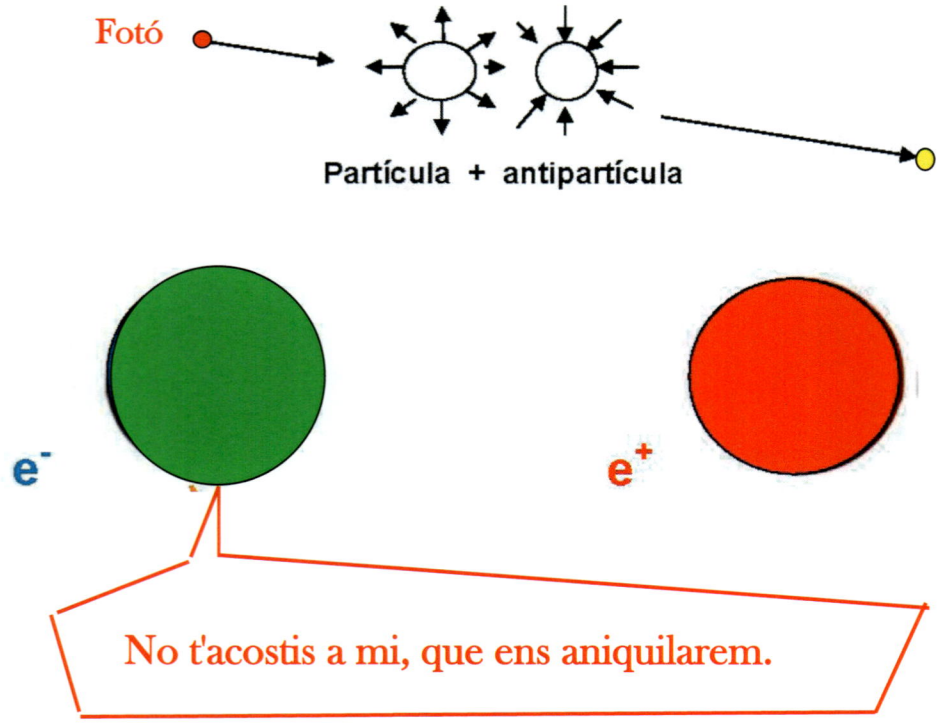

Fotó

Partícula + antipartícula

e⁻   e⁺

No t'acostis a mi, que ens aniquilarem.

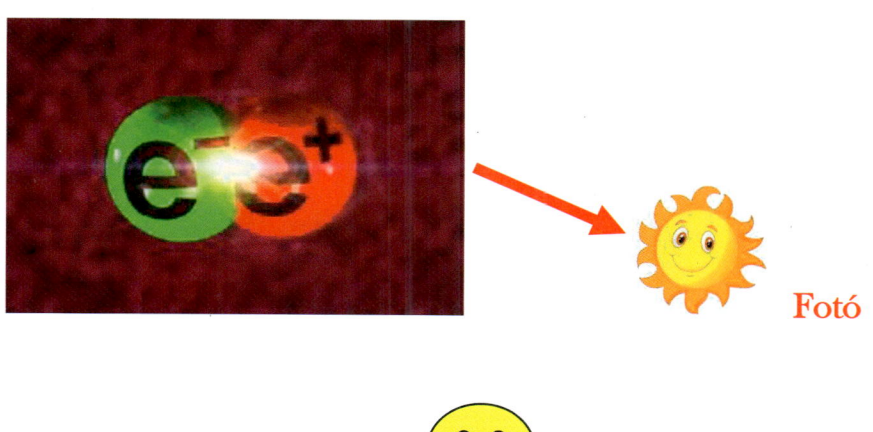

Fotó

Just quan vaig néixer, la calor que feia era immensa. Vaig realitzar per primera vegada a la meva vida la meva transformació en termòmetre gegant, i vaig prendre la temperatura a l'univers.

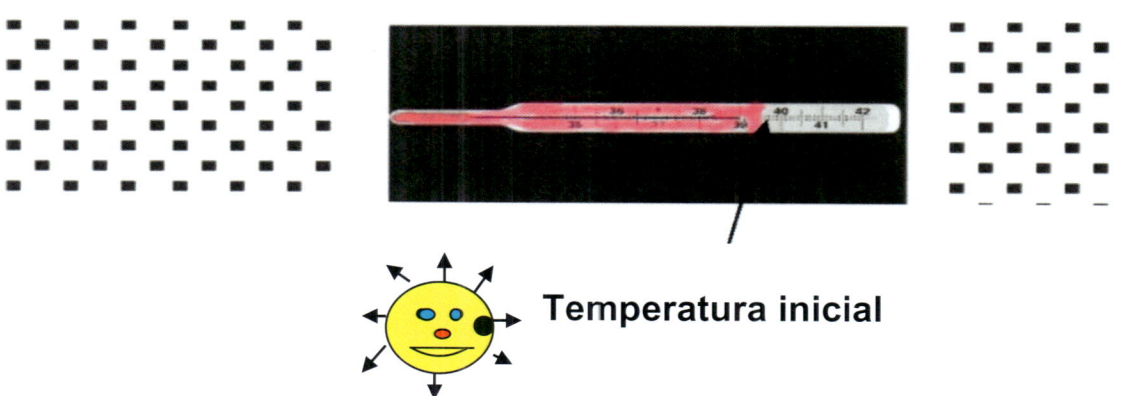

Temperatura inicial

La temperatura va resultar ser ni més ni menys que 1.000.000.000. .... 000.000 de graus, amb 32 zeros

Tot i això, segons va anar avançant la gran inflació, vaig continuar prenent temperatures i vaig notar que anaven baixant ràpidament. Cada vegada la temperatura era menor i al termòmetre m'apareixia la xifra amb menys zeros. En successives preses de temperatura sempre he notat que aquesta baixa ràpidament. Sempre ha anat baixant i ara, és de només 2,72 graus.

Sí, sí. Ara acabo de prendre la temperatura de l'univers i és, de mitjana, poc més de dos graus. Ha baixat de molts milions de graus a solament poc més de dos.

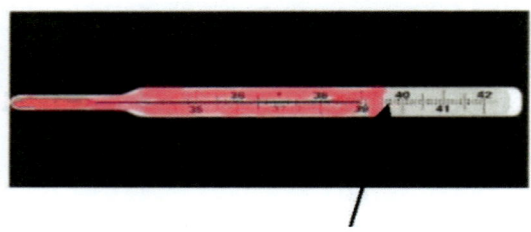

T = 2,72 graus. Temperatura actual de l'univers

Ja al moment inicial, es van originar tant l'espai com el temps.

Em vaig trobar molt sol, ja que exclusivament hi havia fotons, però ja us he dit que immediatament vaig poder entreveure com apareixien les partícules.

Constantment, determinats fotons es transformaven en parelles de partícula i antipartícula. Per exemple, vaig poder apreciar l'antipartícula d'un quark, que és el que anomenen un antiquark.

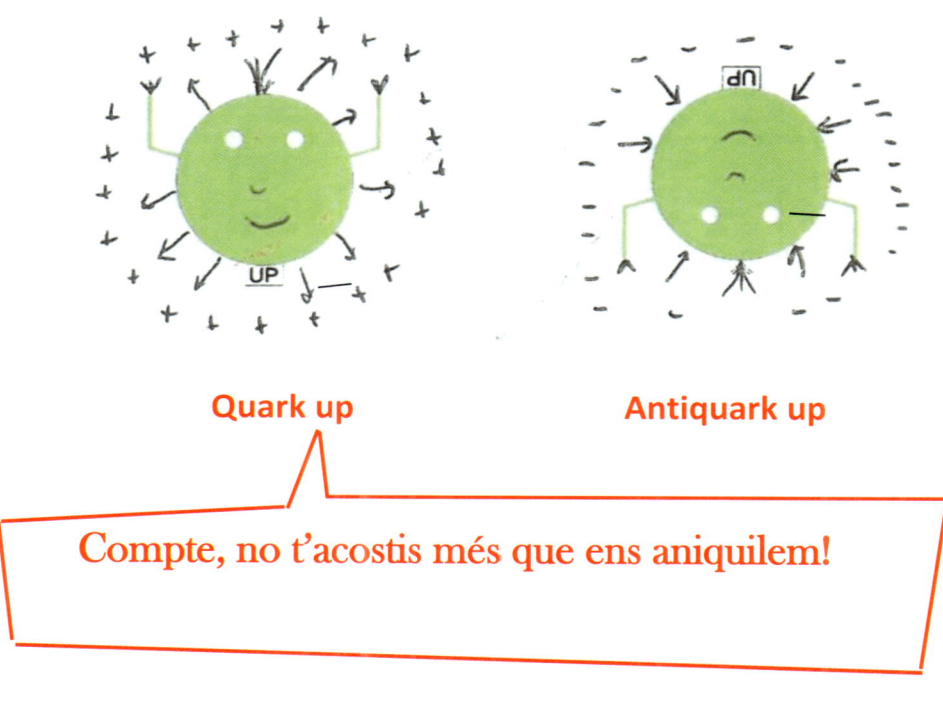

Quark up   **Antiquark up**

Compte, no t'acostis més que ens aniquilem!

Poc després, em vaig adonar també que tot l'univers era ple d'una mena de gelatina molt espessa, i que a mesura que aquesta gelatina frenava la velocitat de les partícules, aquestes anaven adquirint massa.

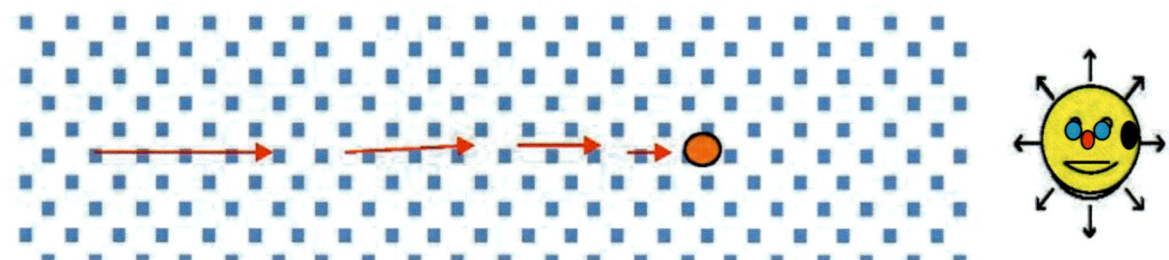

Partícula que va adquirint massa en ser frenada, fins que es para i es converteix en una partícula real.

Durant els meus primers tres minuts de vida, vaig veure com es formaven els nuclis atòmics.

A partir dels cent segons de la meva existència, que són aproximadament un minut i mig, la temperatura va continuar baixant i vaig veure com molts quarks s'ajuntaven i es formaven els primers nuclis.

Aquests nuclis, molts anys més tard, s'envoltarien d'electrons, per formar els àtoms. Son els nuclis atòmics.

Bé; ja hem finalitzat el nostre segon dia a les muntanyes.

Moltes gràcies a tots per la vostra atenció.

Aplaudiments

No, no, jo no mereixo cap aplaudiment, ja que m'estic limitant a explicar-vos el que he vist i el que els savis m'han explicat. A ells els remeto el vostre aplaudiment, perquè són els que realment el mereixen.

TOT EL QUE VAIG ANAR VEIENT

LES MEVES GRANS SORPRESES

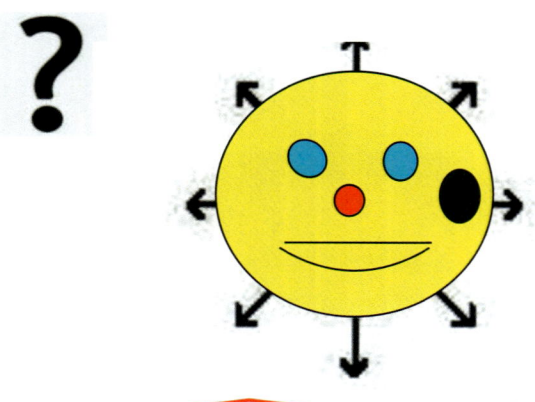

Tota la meva vida de sorpresa a sorpresa

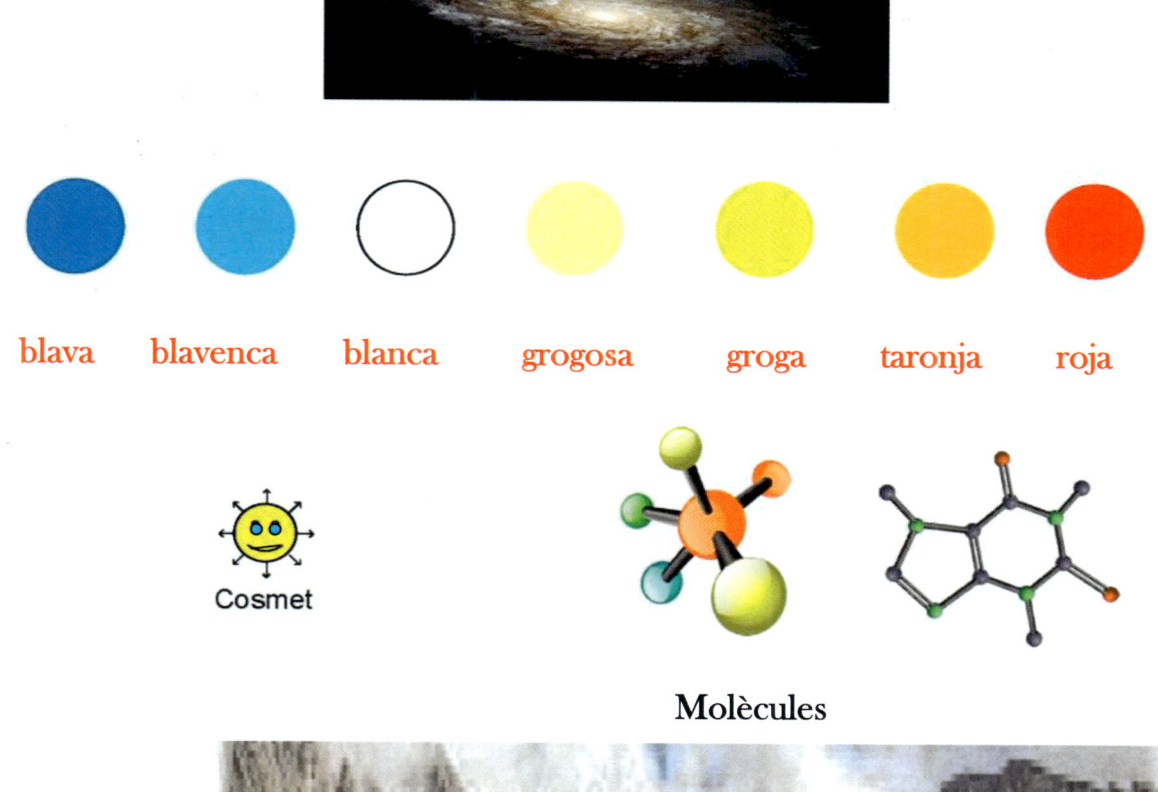

blava   blavenca   blanca   grogosa   groga   taronja   roja

Cosmet

Molècules

Tots els objectes còsmics estan constituïts per partícules elementals unides que formen àtoms i aquests, alhora, molècules.

Tot el que he pogut anar veient, des que vaig fer els tres minuts, mentre l'univers s'ha estat expandint, refredant i desordenant

Després de ja formades totes les partícules elementals i des dels tres minuts fins als 380.000 anys de la meva vida, vaig veure que l'univers estava ocupat per una mena de pasta opaca, plena de nuclis atòmics i electrons lliures, gairebé enganxats els uns als altres, tots flotant en un mar de fotons.

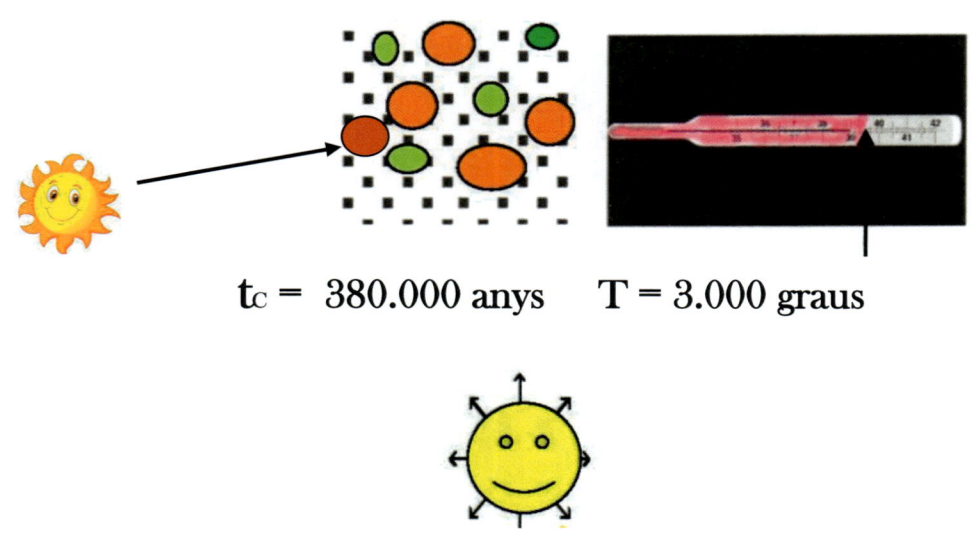

$t_C =$ 380.000 anys   T = 3.000 graus

Durant tot aquest temps, els fotons, que es mouen sempre a la velocitat de la llum, gairebé no es podien moure, ja que no tenien espai lliure. Xocaven contínuament amb nuclis i electrons, no podent, per tant, viatjar per l'univers.

Tot i això, quan vaig complir els 210.000 anys, l'expansió va propiciar que els nuclis s'anessin allunyant els uns dels altres, i alguns nuclis van començar molt lentament a capturar electrons per formar àtoms.

Pixabay/Álbum

Els electrons se situaven girant al voltant del nucli a una gran distància i al cap de un temps, la gran quantitat d'àtoms formats va generar grans espais buits i els fotons van poder començar a viatjar sense xocar amb res.

Molts d'aquests fotons han viatjat per l'univers fins avui i els rebem actualment amb una temperatura de només 2,7 graus.

Quan vaig fer un milió d'anys, la temperatura de l'univers ja havia baixat fins als 1.000 graus. Vaig poder veure formar-se el núvols que més tard es convertirien en les primeres estrelles.

Al cap de 100 milions d'anys, es van començar a formar les primeres estrelles. Aviat vaig començar a visitar-les.

Vaig comprovar que només eren unes enormes boles de gas que brillaven a causa de l'energia que, en forma de llum, emetien des de la seva superfície.

En aquests grans núvols de gas, les partícules que els constitueixen es van anar acostant lentament totes elles, i cada núvol es va anar contraient, transformant-se en estrella.

 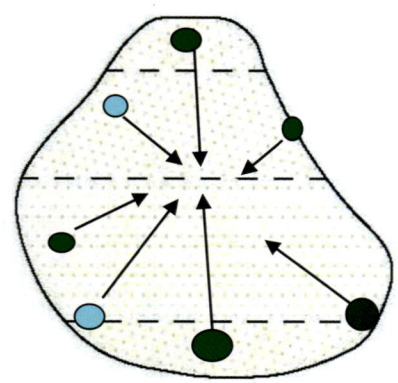

Acoblant la meva vista a l'escala adequada, he pogut observar les partícules una a una i el seu recorregut en el seu procés de contracció.

Però quan es forma l'estrella, el núvol ja no es fa més petit i queda estable

Mai vaig entendre per què es parava la contracció fins que, no fa gaire, vaig tractar el tema amb un savi que es deia Lord Kelvin, que m'ho van explicar.

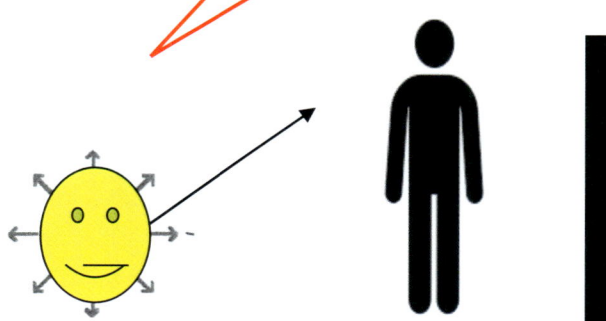  

Lord Kelvin

En un determinat moment, en el centre del núvol apareix una altra força que atura la contracció i en aquest moment neix l'estrella.

Jo puc distingir al cel nocturn tota mena d'estrelles simplement pel seu color, i també puc anar seguint la seva evolució.

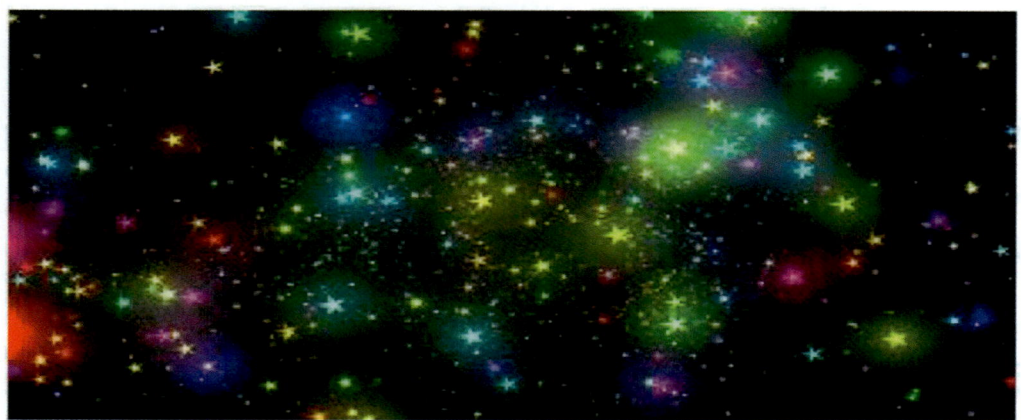

Pixabay/Àlbum

ALTRES COSES QUE VAIG ANAR VEIENT

Va ser al cap de poc temps de contemplar l'aparició de les estrelles quan, en els meus viatges, vaig observar que es trobaven agrupades en cúmuls i galàxies.

Galàxies i cúmuls galàctics formant un supercúmul. Imatge de Pixabay / Àlbum.

Vaig veure, doncs, que a tot l'univers, les estrelles es troben agrupades en galàxies.

Us explicaré coses d'aquestes

Jo les veig com a grans acumulacions d'estrelles, totes unides per la força de la gravetat.

N'he he pogut comptar més de 100.000 milions, la major part amb formes espirals o rodones.

Galàxia espiral

Ara us explicaré el que vaig anar veient des que vaig tenir 1.000 milions d'anys.

La temperatura ja havia baixat fins als 20 graus i l'univers continuava organitzant-se en estructures més grans i més àmplies: unes grans parets de làmines i filaments.

Molt més tard, quan vaig complir els 9.300 milions d'anys, vaig veure amb sorpresa que, prop d'on em trobava, naixia el Sol, la totalitat del sistema solar i amb ell la Terra. El Sol té, doncs, una edat de 4.600 milions d'anys.

Immediatament m'hi vaig acostar, el vaig pesar i li vaig prendre la temperatura.

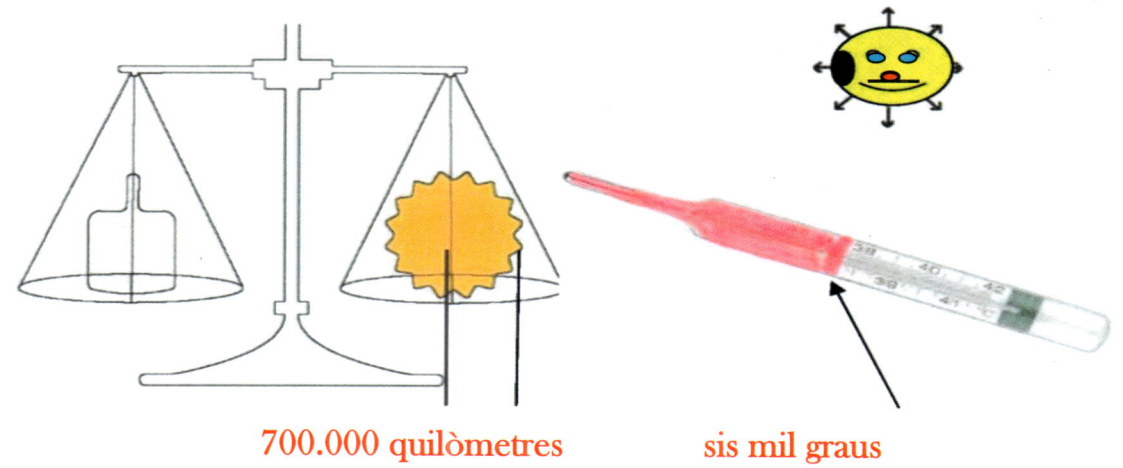

700.000 quilòmetres   sis mil graus

Vaig veure que pesava unes 300.000 vegades més que la Terra, i que la seva temperatura superficial era de 6.000 graus.

A continuació, hi vaig entrar i vaig anar fins al seu centre. Vaig anar travessant zones diferents que eren com unes capes esfèriques, totes elles amb diferent temperatura.

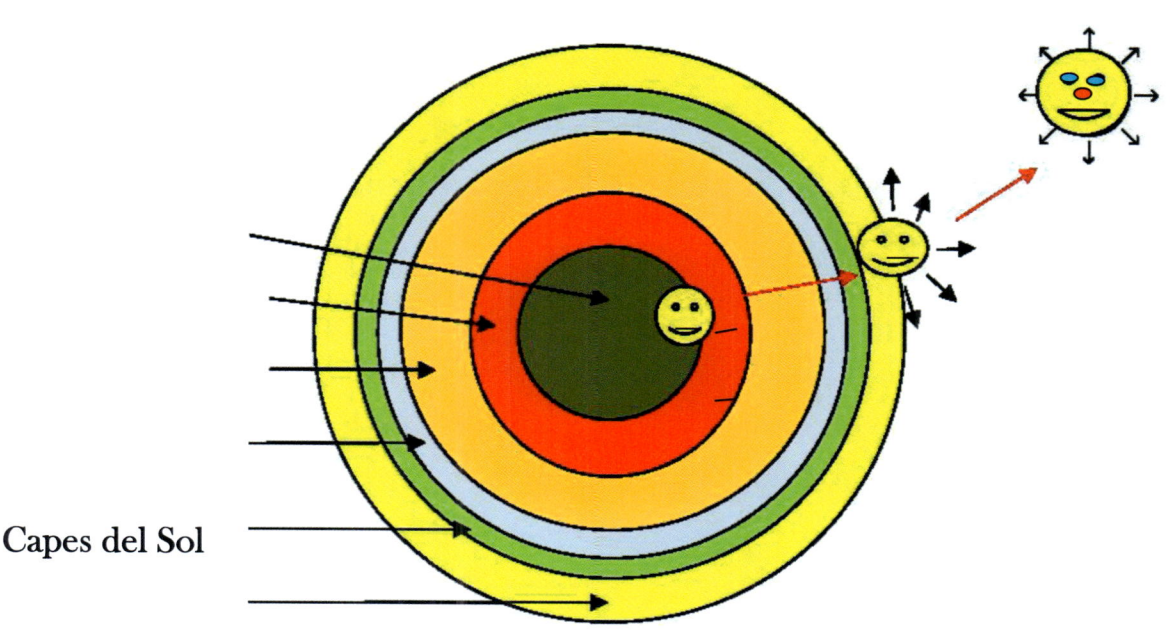

Capes del Sol

Ara fa, doncs, 4.600 milions d'anys, vaig contemplar com, a més del Sol, es formaven la Terra i els altres planetes, tots girant al seu voltant.

Més tard, vaig veure que a la superfície de la Terra començaven a aparèixer mars i continents, però el que més em va cridar l'atenció va ser que, ara fa uns 3.000 milions d'anys, van començar a aparèixer animalons molt petits.

Pixabay / Àlbum.

 Molt més tard, fa solament uns 250 milions d'anys, van començar a aparèixer molts animals grans que ara ja no existeixen.

Va ser el regnat dels dinosaures. Jo vaig poder veure bé com realment eren tots aquells animals i, fins i tot, vaig adoptar les seves formes i vaig conviure amb alguns com els següents:

I molts anys més tard,

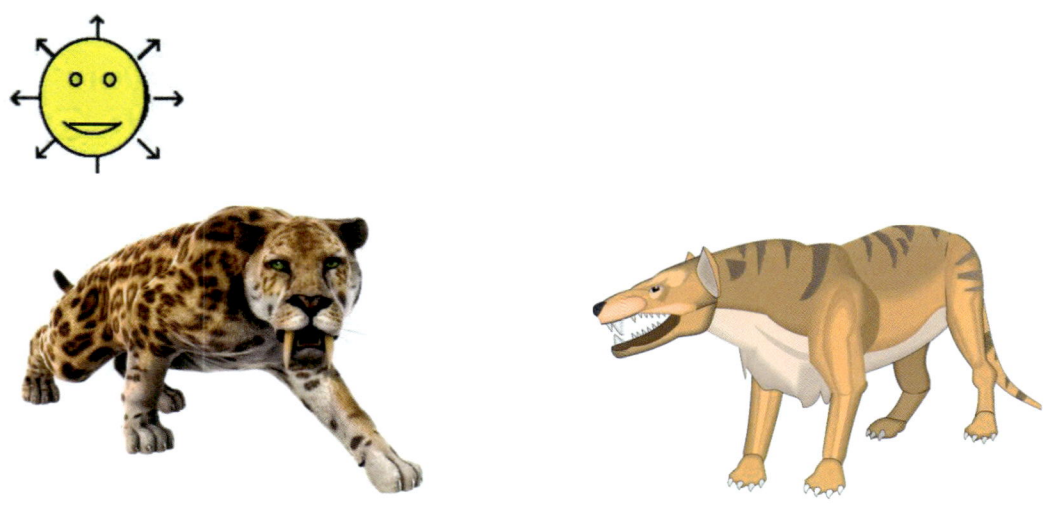

Imatges de Pixabay / Àlbum.

Sempre vaig transformar-me en les espècies d'animals que apareixien i després s'extingien i, així, les vaig poder conèixer molt bé.

Em vaig fixar especialment en diferents tipus de micos, sobretot, els ximpanzés, que ja llavors semblaven ser més intel·ligents que els altres.

Els ximpanzés van començar a acostumar-se a caminar únicament sobre les potes del darrere, adoptant únicament la postura de quatre potes quan pujaven pels arbres.

Després de molts anys, es van anar convertint en els humans normals.

Quan aquests van aparèixer, ja us he dit que va ser quan vaig decidir adoptar la seva forma.

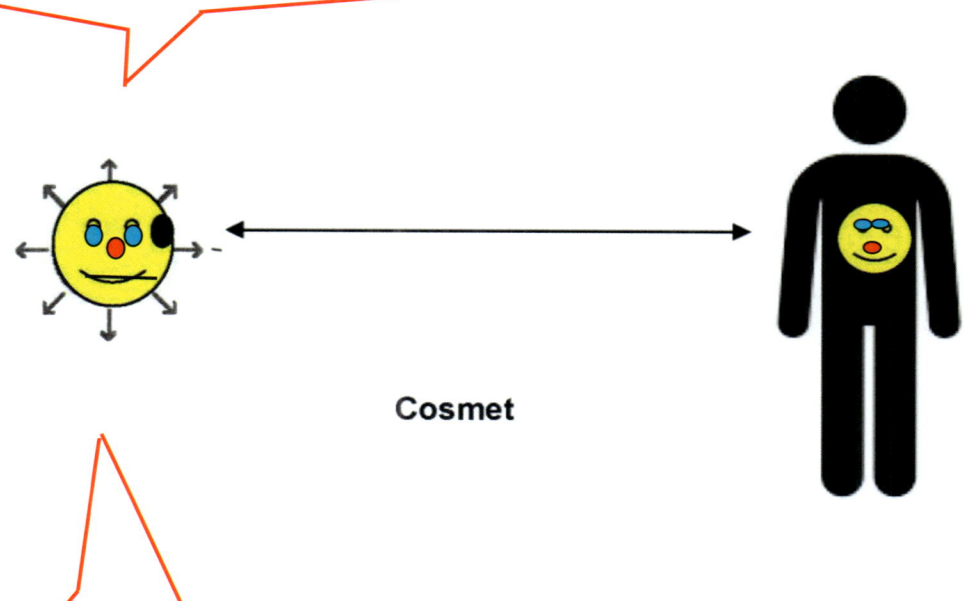

Cosmet

Per fi, només fa 2.500 anys, vaig veure que existien humans normals molt intel·ligents, que havien descobert el perquè de moltes coses inexplicables per a mi. Aleshores vaig començar les meves visites als que em van semblar els més savis.

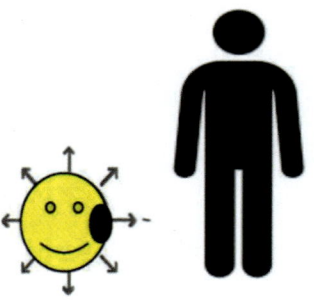

Bé, ja ha finalitzat el nostre tercer dia a les muntanyes.

Moltes gràcies per la vostra atenció.

Aplaudiments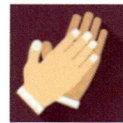

LES MEVES GRANS SORPRESES

Quart dia a les muntanyes

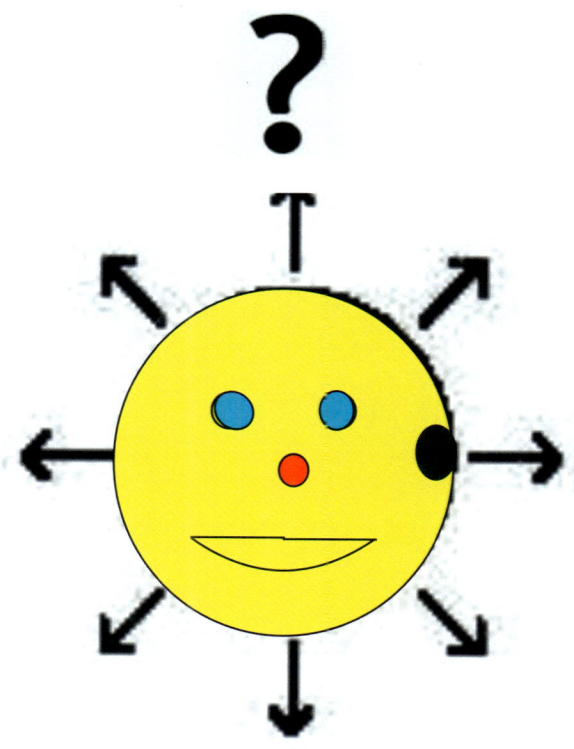

Tota la meva vida de sorpresa a sorpresa

Us n'explicaré algunes.

El primer que vaig veure quan vaig iniciar els meus viatges, va ser que tant la mida dels objectes que jo mesurava, com la velocitat en què transcorria el temps, eren molt variables i diferents mentre viatjava. Variaven molt depenent de la velocitat a què jo em desplaçava; sobretot, si anava molt de pressa, a velocitats properes a la de la llum. En la primera ocasió que vaig fer això, vaig comprovar de seguida i amb gran sorpresa, que el temps s'alentia i passava més a poc a poc.

Què està passant?

Com és que el temps transcorre més a poc a poc fins a gairebé aturar-se?

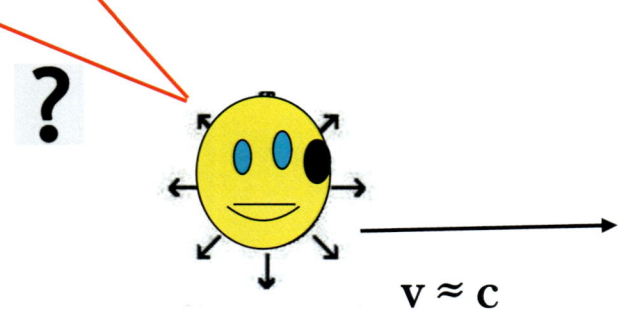

$v \approx c$

També vaig veure que augmentava la meva escala de mesurar distàncies en el sentit del meu recorregut, per la qual cosa, la mida dels objectes era més curta. Tenia lloc una contracció de la seva longitud.

Fins i tot a velocitats pràcticament com la de la llum, l'objecte es contreia fins a desaparèixer.

Què està passant?

Com és que veig les coses cada cop més petites?

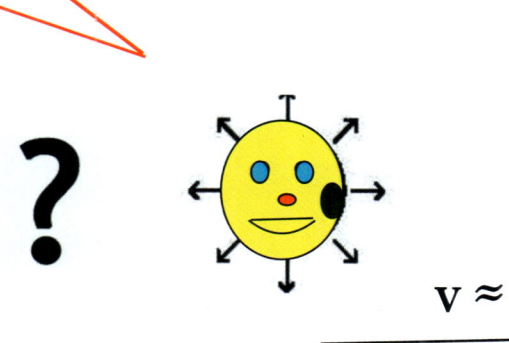

$v \approx c$

Sí, sí, vaig notar que quan viatjava a la meitat de la velocitat de la llum, el temps transcorria més a poc a poc i veia els objectes més petits.

Si m'accelerava a gairebé de la velocitat de la llum, apreciava els objectes diminuts, i acabaven per desaparèixer.

Per això m'agrada viatjar per l'univers a velocitats inferiors a la de la llum, perquè així puc observar bé tot el que em vaig trobant.

Tot això no ho heu pogut experimentar mai, perquè a les velocitats normals de la Terra que es donen a la vida diària aquest efecte és insignificant.

Mai vaig entendre per què passaven aquestes coses tan rares fins fa molt poc, en què els senyors Hendrik Lorentz i Albert Einstein m'ho van explicar.

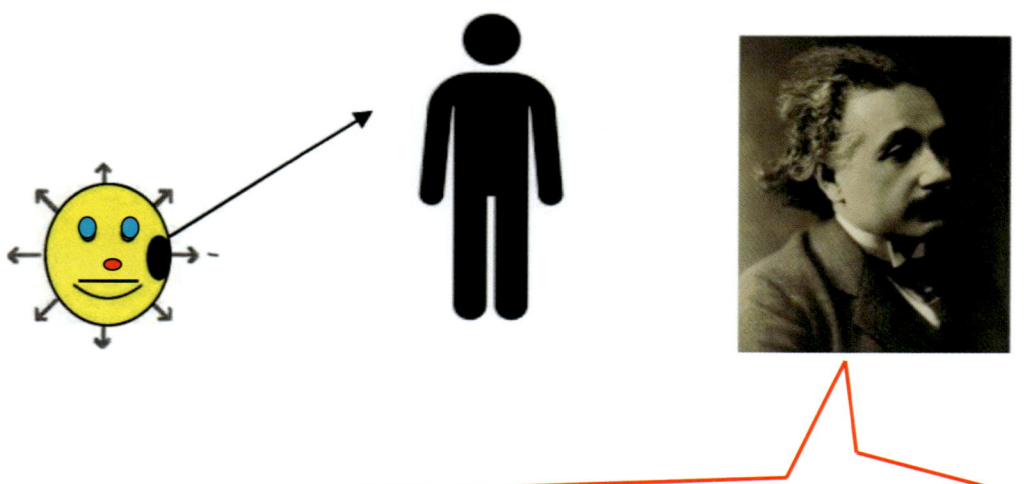

Mira amic Cosmet. L'espai i el temps s'han d'ajustar constantment a la velocitat a què es mou qui els mesura.

Us he de dir que ja d'entrada que Albert Einstein em va caure sempre molt bé. La veritat és que amb ell vaig arribar a establir una amistat duradora. Va ser un personatge excepcional no només per les seves teories científiques, sinó també per la seva manera de ser. Tenia també un gran sentit de l'humor i molt sovint el portava a la pràctica.

Pixabay/Àlbum

El més divertit que recordo va passar quan Albert Einstein ja era un científic famós i sovint era sol·licitat per fer conferències a ciutats de tot el món.

Als llocs no gaire llunyans acostumava a anar amb cotxe. Com que no li agradava conduir, va contractar els serveis d'un xofer que li va dir:

Imatge de Istock

Miri senyor Einstein: De tant escoltar les seves conferències me les sé totes de memòria i podria recitar-les paraula per paraula. Si es troba cansat, podria fer la conferència al seu lloc.

Einstein va estar d'acord i abans d'arribar al lloc de destinació, van intercanviar la roba. El conductor es va col·locar una perruca blanca amb grans rínxols i Einstein es va posar al volant.

El xofer estava tan ben disfressat que ningú no va dubtar que no fos l'Einstein. Va exposar de manera magistral la conferència que havia sentit repetir tantes vegades, però al final va arribar l'hora de les preguntes.

Ja en el primer dubte que li van exposar, ell no tenia ni idea de quina podia ser la resposta, encara que ràpid de reflexos li va contestar: « La pregunta que em fa vostè és tan senzilla que deixaré que li respongui el meu xofer que seu al final de la sala».

Pixabay/Àlbum

A la vida ordinària les seves respostes van ser sempre molt enginyoses i divertides. Un cop, en una reunió que jo vaig presenciar, va arribar Marilyn Monroe.

Viquipèdia DP. Marilyn Monroe. Foto de l'actriu en un número de finals de 1953 de *Modern Screen* . Einstein. (Pixabay / Àlbum)

Després de saludar el senyor Einstein, li va suggerir molt seriosa el següent:

« Vostè i jo professor, hauríem de casar-nos i tenir un fill junts. S'imagina un nadó amb la meva bellesa i la seva intel·ligència? »

« Ui, quina por em fa vostè; a veure si l'experiment surt a la inversa i acabem amb un fill de la meva bellesa i la seva intel·ligència »

També va arribar el gran actor Charles Chaplin i Einstein el va saludar dient:

« El que he apreciat sempre en vostè, és que el seu art és universal; tothom el comprèn i l'admira »

Domini públic. File: Charlie Chaplin.jpg. Creat l'11 d'abril de 1915. Chaplin al paper del rodamon (1915). Font: escacs freds. Autor: PD Jankens.

« El seu senyor Einstein, és molt més digne respecte; tothom l'admira i gairebé ningú no el comprèn ».

Com tots els humans, Einstein tenia també les seves aficions. Em va explicar que una era la música i que es passava hores tocant el violí.

Emil Orlik (1870 – 1932). Albert Einstein beim Geigenspielen (Albert Einstein tocant el violí), 1923/24 (Del quadern d'esbossos "Amerika 1923/24"). Guix negre, 20,0 x 12,9 cm (full). Kunstforum Ostdeutsche Galerie Regensburg, Inv. Nr. 15794.

Com jo he vist sempre que tot es mou

Quan l'any 1905 vaig conèixer Albert Einstein, ja en la primera conversa que vam tenir em va explicar, entre moltes altres coses, que tot es mou, ja que no hi ha res que es trobi en estat de repòs absolut.

No em vaig sorprendre atès que, des de feia 2.500 anys, a la meva primera visita als savis grecs, vaig poder escoltar Heràclit d'Efes, que sempre deia:

Viquipèdia D.P.

Tot flueix i res està quiet.

Ningú no es banya en un riu dues vegades

perquè tot canvia al riu,

i també canvia el que es banya.

Sí, sí. No hi ha cap punt de l'univers que no estigui en moviment respecte d'altres.

Vaig aprendre, doncs, que afirmar simplement que alguna cosa es mou no significa res si no diem respecte que es mou.

Resulta molt curiós observar, per exemple, que així com respecte al Sol, la Terra gira al voltant del mateix, respecte a la Terra és el Sol el que gira.

Pensem també que la Terra té un moviment de rotació. Cada dia dona una volta. Resulta doncs, que nosaltres estem en moviment circular al voltant de l'eix de rotació de la Terra, a més de 1.600 quilòmetres per hora.

Veig que molts us heu quedat sorpresos en saber que tots nosaltres i les muntanyes que ens envolten, de vegades ens estem movent a aquesta velocitat.

R = 6.300 Km.

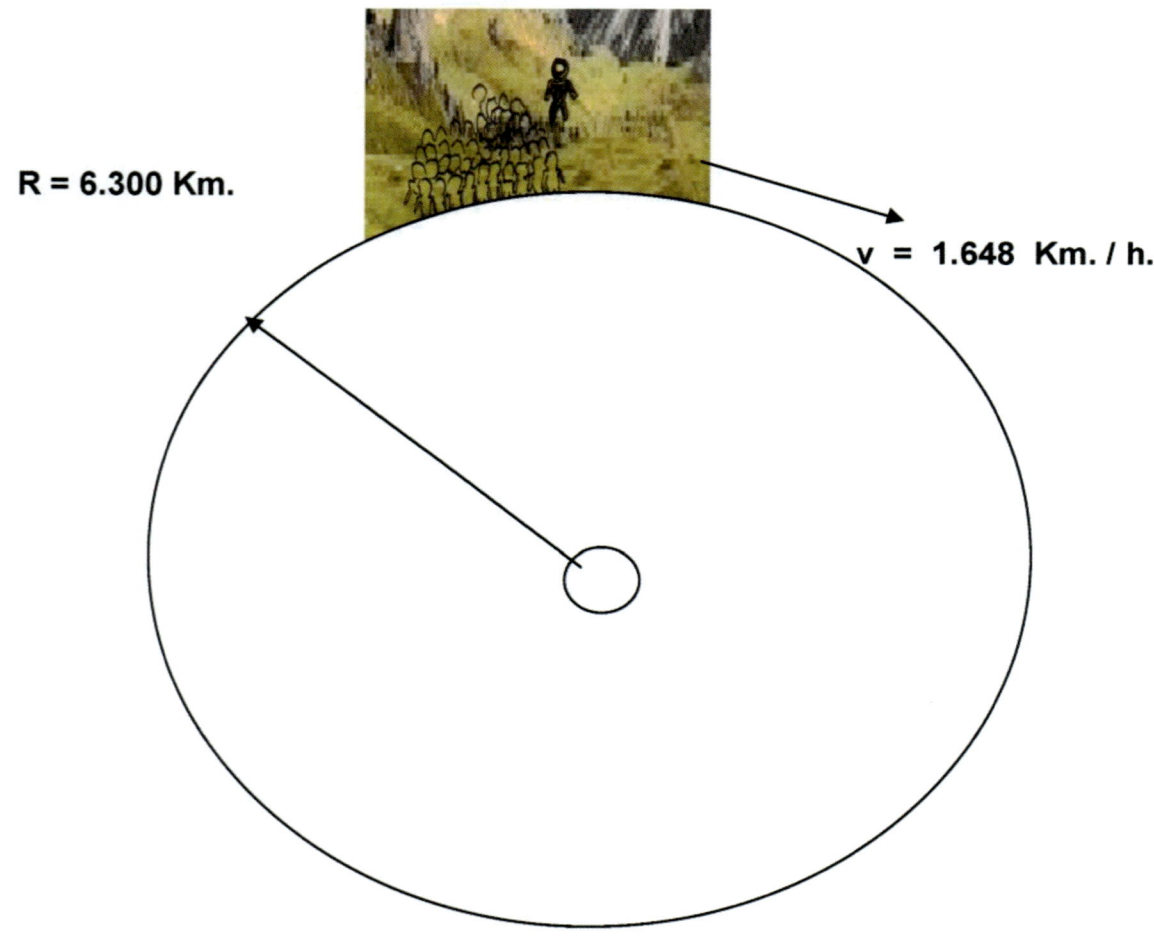

v = 1.648 Km. / h.

Penseu que si ara mateix, en la meva forma de partícula, em desplaço gairebé instantàniament al centre de la Terra, des d'allà puc veure-us a tots vosaltres i a mi mateix en la meva forma humana, viatjant a una velocitat de més de 1.600 kilòmetres per hora.

També he observat amb gran atenció el moviment dels grans objectes còsmics llunyans com les estrelles i les galàxies.

Jo he contemplat, des de sempre, que les galàxies es mouen de diverses maneres. Per efecte de l'expansió de l'univers les galàxies s'allunyen les unes de les altres, i també de la Terra, a gran velocitat.

Cinquè dia de confinament

JO SÉ QUE TOT EL QUE EXISTEIX ÉS SIMPLEMENT EL QUE ARA ANOMENEN ENERGIA

Tot el que existeix no és res més que energia

Des de sempre, molts savis han estat pensant que tot i que les coses que existeixen a l'univers són molt diferents, hi ha d'haver una cosa única que sigui l'essència de tot allò que existeix.

Atesa la gran varietat d'objectes que hi ha, ha de ser necessàriament quelcom que es pugui transformar de moltes maneres. Jo sempre he sabut que aquesta cosa existeix.

Quan jo vaig néixer, a l'univers encara no existia la matèria. Tot l'univers estava ple de partícules immaterials com jo. Malgrat això, no eren com jo mateix, sinó de les normals, fotons.

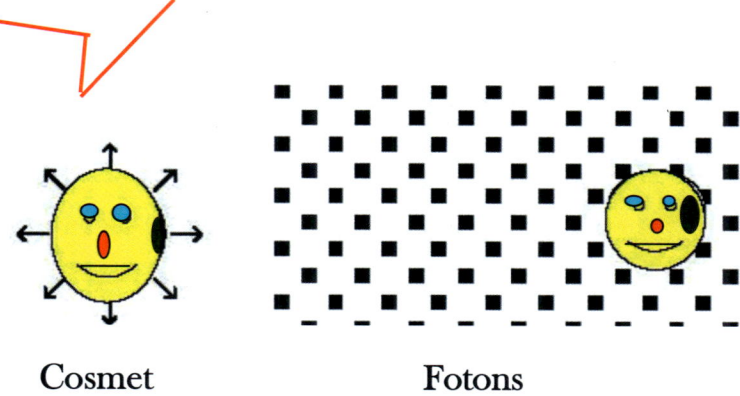

Cosmet   Fotons

Tot el que vaig veure que existia a l'univers era quelcom immaterial de què estaven formats els fotons i jo mateix. Tant els fotons com jo mateix només érem una determinada quantitat d'aquesta cosa.

Al cap de molt poc temps, tal com ja us vaig explicar el primer dia, em vaig adonar que a l'univers molts fotons es convertien en partícules materials.

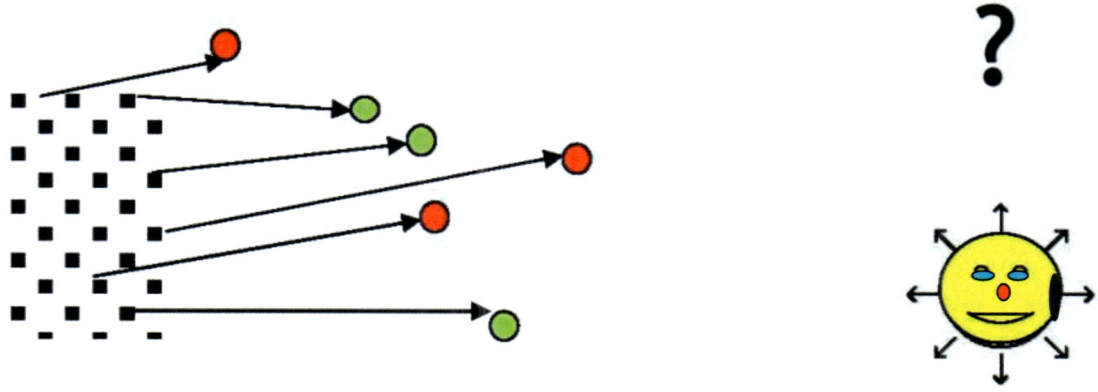

Vaig contemplar doncs, amb gran sorpresa, que una part d'aquell principi immaterial de l'univers es convertia en partícules amb massa, i aviat va anar apareixent tota la massa del univers.

Mai no vaig comprendre el perquè de tot això, fins que, ja vivint a la Terra, vaig visitar els humans normals més savis que em van explicar que tot allò no era altra cosa que energia.

Final de la cinquena jornada de confinament

Bé, ja hem passat el nostre cinquè dia de confinament.

Aplaudiments

Cosmet visita

als savis

Per fi, he pogut entendre tot el que vaig veure

Cosmet, que ja és molt gran, ja que ja ha complert els 13.700 milions d'anys, ha viatjat per tot l'univers i ens explica totes les coses que han anat passant durant la llarga vida. Mai va aconseguir entendre per què succeïen, fins que en els darrers 2.500 anys, ha anat coneixent els humans més savis que els ho han anat explicant.